冻土率相关力学行为及本构模型研究

姚晓亮　著

中国水利水电出版社
www.waterpub.com.cn
·北京·

内 容 提 要

本书系统梳理了冻土率相关力学特性及影响因素，对比分析了三种经典率相关本构模型在描述冻土的率相关力学行为方面的优缺点；建立了考虑冻土强度衰减准则的率相关本构模型，分析了冻土强度衰减规律对其率相关力学行为的影响机理；提出了以温度为自变量的冻土蠕变模型，探讨了高温冻土的界限问题；研发了冻土平面应变可视化试验装置，揭示了土体微细观力学参数和宏观力学行为间的内在联系。本书提出的理论模型能够较好地描述复杂应力和温度状态下冻土的率相关变形发展规律，是开展冻土工程计算的有效工具。

本书可作为工程地质、土木工程、铁道工程、交通工程等相关专业的本科生、研究生的教材和参考书，同时还可作为寒区工程和人工冻结工程科研人员和工程技术人员的参考书。

图书在版编目（CIP）数据

冻土率相关力学行为及本构模型研究 / 姚晓亮著.
北京 ： 中国水利水电出版社，2024. 11. -- ISBN 978-7-5226-2863-9

Ⅰ．P642.14

中国国家版本馆CIP数据核字第2024M3K729号

书　　名	**冻土率相关力学行为及本构模型研究** DONGTU LÜXIANGGUAN LIXUE XINGWEI JI BENGOU MOXING YANJIU
作　　者	姚晓亮　著
出版发行	中国水利水电出版社 （北京市海淀区玉渊潭南路 1 号 D 座　100038） 网址：www. waterpub. com. cn E - mail：sales@ mwr. gov. cn 电话：（010）68545888（营销中心）
经　　售	北京科水图书销售有限公司 电话：（010）68545874、63202643 全国各地新华书店和相关出版物销售网点
排　　版	中国水利水电出版社微机排版中心
印　　刷	天津嘉恒印务有限公司
规　　格	184mm×260mm　16 开本　10.75 印张　262 千字
版　　次	2024 年 11 月第 1 版　2024 年 11 月第 1 次印刷
印　　数	001—800 册
定　　价	**98. 00 元**

前　言

在冻土工程领域，冻土的率相关力学行为和特性是影响冻结土层变形稳定性的重要因素，如多年冻土路基中发生的蠕变变形以及深部矿井冻结法施工中冻结壁的渐进破坏变形等。在常规岩土工程和土力学当中，已有相当完备的理论体系来计算和评估地基土层的率相关变形发展规律，以此得到建筑物基础稳定性评价和结构设计的指标。冻土是负温状态下孔隙冰、未冻水、空气及土颗粒等的复杂聚合体，其物理力学特性对温度和外荷载的变化极为敏感。因而，冻土的物理力学行为相较于融土更为复杂。不同的加载速率、荷载作用时间以及温度状态均会通过改变其物理力学性质来影响冻土的变形发展规律。

早期针对冻土率相关力学行为的描述，大多借鉴从金属流变理论发展而来的半经验方法或定性评价方法。这些工作尚不足以合理描述处于复杂应力和温度状态条件下冻土的变形发展规律。随着近年来融土本构模型突飞猛进的发展，大量学者尝试对传统的融土本构理论进行改进，进而描述复杂条件下冻土的率相关力学行为。本书内容正是借鉴常规土力学的理论研究成果和试验方法，并与冻土独有的特点进行有机融合，提出适用于冻土工程的试验方法和理论方法。试验方法方面，结合常规土力学试验仪器和冻土试验自身特点，自主研制了可视化冻土平面应变试验装置，这是本书作者在冻土试验仪器研制方面的贡献；基于冻土平面应变试验系统研究了不同加载条件下冻土局部应变发展规律与宏观力学行为的影响。在理论方法方面，通过梳理和总结分析现有经典率相关理论模型的优缺点，将强度衰减破坏准则引入土力学中的经典率相关本构模型来解决冻土力学中的关键理论难题，这是本书研究内容在理论方法方面的贡献；同时，突破现有率相关本构模型用应力作为自变量来建立理论模型的局限，建立了以温度为自变量的冻土一维蠕变本构模型。这些研究工作是近10年来本书作者在冻土力学特性和本构模型研究领域的新尝试，以期在后续的冻土工程实践中发挥更大的指导作用。

本书在出版过程中受到以下基金项目的资助：① 国家自然科学基金面上

项目"考虑强度衰减特性的冻土蠕变本构模型研究"，编号 42272319；②国家自然基金面上项目"考虑二次相变的黄土淤地坝边坡盐蚀机理研究"，编号 52378368；③国家自然科学基金青年项目"基于'融化固结理论'的多年冻土斜坡稳定性发展规律及分析理论研究"，编号 42101132；④西安理工大学省部共建西北旱区生态水利国家重点实验室出版基金。

　　在开展本书研究工作的过程中，作者得到了很多同事和朋友的帮助，在此致以衷心感谢。其中，本书大量冻土力学试验工作均是借助北京建筑大学齐吉琳教授研制的多功能环境材料试验机得以顺利完成。同时，由衷感谢中国科学院武汉岩土所徐国方研究员、中国科学院西北生态环境资源研究院余帆研究员、西安理工大学王松鹤副教授、北方民族大学马玲老师和东北林业大学刘萌心副教授。感谢他们在作者开展本书研究工作过程中提供的宝贵建议和支持。同时，也感谢中国水利水电出版社的大力支持，使作者的研究成果得以顺利出版。

　　受本书作者能力水平和知识结构所限，书中有疏漏之处，敬请同行和读者批评指正！

姚晓亮

2024 年 6 月于西安理工大学

目 录

第1章 绪 论

1.1 研 究 背 景

冻土是指含冰且温度在0℃或0℃以下的各种岩石和土体。按照形成条件，冻土可分为天然冻土和人工冻土两大类。

天然冻土形成于地球漫长的地质历史时期，广泛分布于地壳表层。根据（岩）土体处于冻结状态的持续时间，天然冻土大致可分为三类：多年冻土，保持冻结状态且持续时间在两年或两年以上的土层，只有地表几米处于冬冻夏融的状态；季节冻土，冻结时间等于或大于一个月，冻结深度距离地表从几十毫米到几米，它是每年冬季冻结、夏季消融的周期性冻土；瞬时冻土，冻结时间小于一个月，一般为数天或几个小时（夜间冻结），冻结深度从几毫米到几十毫米。世界范围内多年冻土的面积约占陆地面积的25%，主要分布在俄罗斯、美国的阿拉斯加、加拿大北部等地，此外部分分布于南美洲和中亚的高山地区。我国是世界第三冻土大国，多年冻土区的面积约215万 km²，超过全国土地面积的1/5，主要分布于东北北部的大、小兴安岭地区和松嫩平原北部及西部高山和处于中、低纬度的青藏高原，其中青藏高原多年冻土区面积约149万 km²，约占我国冻土面积的70%（周幼吾等，2000）。季节冻土分布于多年冻土区的南界以南（北半球）或下界（垂直地带）以下的广大地区。季节冻土的分布具有明显的纬度及垂直带相关性。总体上季节冻土的厚度会随纬度及海拔的增高而增大，由0.1~0.2m增厚到2.0~3.0m。在北半球10月中下旬至12月，季节冻结层由北而南接连出现，2月下旬至6月初由南往北逐渐消失。我国季节性冻土区面积约513.7万 km²，占国土面积的53.5%，其南界西从云南章凤，向东经昆明、贵阳，绕四川盆地北缘，到长沙、安庆、杭州一带。

自20世纪以来，随着社会经济的快速发展，大量工程活动包括能源、交通、通信和水利等设施的施工和建设均与冻土息息相关。1916年俄国建成了横跨亚欧大陆全长9937.3km的西伯利亚大铁路（Trans - Siberian Railway），也是全世界首条大范围穿越多年冻土区的铁路。加拿大在1943—1944年冬季突击完成了加拿大西北地区罗曼井到怀特霍斯的克努尔输油管道，该管线穿越了将近640km的多年冻土地区。1954年，我国在青藏高原地区修建完成青藏公路，全长1937km，穿越连续多年冻土区约550km。1977年建设了从格尔木到拉萨全长1076km的输油管线。我国的青藏铁路20世纪50年代开始筹建，经历了半个世纪的技术攻关和论证，于2006年建成通车，全程穿越750km的多年冻土地带，其中连续、大片多年冻土占70.4%，岛状多年冻土区占12.7%。20世纪80年代中期完成的从加拿大罗曼井到阿尔伯塔省北部 Zama 湖的输油管道、附属于道路工程的隧道工程有穿越北美洲的 Maynard 山脉的 Whittier 隧道、全长1436m横跨 Volga 河的 Syzran

大桥、规划中的连接西伯利亚地区和阿拉斯加地区的白令海峡通道以及我国即将修建的青藏宽幅高速公路等长距离线性工程均穿越了大范围的多年冻土区域。

人工冻土是在地下空间开挖和矿产资源开采过程，使用人工冻结技术在施工土层周围形成的冻结土体。相较于融土，人工冻土具有极高的强度以及极低的透水性，这使得人工冻土在地下空间施工过程中具备独有的天然优势。在冻结法施工形成的冻结壁范围内，人工冻土较高的强度使其成为天然的支护结构，极低的透水性使其成为优良的止水帷幕，防透水性能极佳。人工冻结法早在19世纪70年代就已经应用到矿井建设中，1862年，人工冻结法被首次应用于英国南威尔士矿井施工中。人工冻结法在高地应力、高含水量土层中开展掘进施工具有优越性，我国在20世纪中叶首次将人工冻结法施工技术应用于开滦煤矿的施工建造当中。从人工冻结法施工技术诞生至今，世界各国已将其广泛应用于深层矿井开挖、地铁隧道联络通道施工等地下空间工程中。随着世界各国地下矿井开挖深度的持续增加，人工冻结施工技术的应用深度也在持续刷新纪录，例如比利时使用采用人工冻结技术开展了地下377m的凿井施工；苏联将人工冻结技术的施工深度推进到地下571.2m；我国目前采用人工冻结技术的土层深度已达754.98m。这些不断增加的施工深度均得益于冻结法施工中冻结壁极高的强度及低透水性。近年来我国在20余座城市开展了大规模的城市轨道交通建设，冻结法施工在城市施工建设中得到了广泛应用。例如北京市地铁10号线采用了冻结法施工形成止水帷幕；西安市地铁4号线元朔路站至北客站区间采用人工冻结法对富水砂层进行了加固；江西省湖口大桥东塔基础采用冻结法人工挖孔桩施工；润扬长江公路大桥的南锚碇冻结排桩围护体系以含水地层冻结形成的冻结帷幕作为基坑的止水帷幕。

区别于融土，冻土力学行为的一个显著特点就是在外荷载作用下呈现出极强的流变特性。冻土的流变包括蠕变和松弛两个方面。恒定荷载作用下产生的持续变形称为蠕变，而恒定的应变或变形条件下土体中应力的持续降低现象则称为松弛。由于冻土中孔隙冰和未冻水的存在，冻土的流变特性表现出极强的温度敏感性。现有大量针对多年冻土地基的监测资料显示，在全球气候变暖以及人类工程活动的影响下，持续升温的冻土层中产生的蠕变变形是多年冻土区构筑物基础沉降的主要来源之一。Andersland 和 Ladanyi（2004）从变形源的角度出发将寒区浅基础建筑物的沉降分为五类：可恢复的瞬时弹性变形、不可恢复的瞬时塑性变形、可以恢复的黏弹性变形、不可恢复的固结变形以及不可恢复的蠕变或者黏塑性变形，并且指出相对于不可恢复的变形来说，可以恢复的两种变形很小。张建明等（2007）基于冻土路基沉降监测数据将其归结为三方面：多年冻土的融沉变形、融化层压缩变形和高温冻土的压缩变形；齐吉琳等（2009）结合大量野外观测资料分析研究表明，冻土地基中不同层位的沉降变形以及各类力学意义上的地基沉降变形类型均源自冻土退化过程中不同层位产生的相应物理力学过程，即多年冻土地区路基的沉降变形主要源自三个物理力学过程：冻融循环、融化固结和冻土层的蠕变。为了降低冻土退化对多年冻土层沉降变形的影响，我国在青藏铁路的施工建设中采用了超高块石通风路基，以期达到保护冻土降低沉降变形的效果。后期沉降监测资料显示，增高的铁路路基在防止冻土层融化方面能够起到明显效果，但处于冻结状态路基的蠕变变形仍然十分可观（穆彦虎等，2014）。冻土蠕变造成的工程病害也普遍存在于城市地下工程的冻结法施工问题中

（Andersland 和 Ladanyi，2004；刘波等，2012）。在深部矿井施工中，超高地层压力导致的冻结壁蠕变变形是影响其安全稳定性的主要因素（胡向东和舒畅，2014）；在浅层地下空间施工工程中，因冻结帷幕缺陷造成的冻结壁的过大蠕变变形也是造成冻结管断裂和冻结壁压裂等工程事故的主要原因之一（曹雪叶，2017）。针对人工冻结法施工中形成的冻结壁的稳定性，冻结壁厚度和冻结壁温度是控制其蠕变变形的两个关键因素。冻结温度过低或冻结壁厚度不够，则会导致冻结壁蠕变变形过大；而冻结温度过低，形成的冻结壁厚度过大则会造成巨大的资源消耗，同时不利于冻结壁形成后的掘进开挖。

冻土的流变力学特性在工程中主要体现为恒定荷载条件下的蠕变变形。由于冻土是由土骨架、冰、未冻水和空气组成的复杂体系。在外荷载作用下，土体内部微观结构会产生持续的改变，其各项力学指标表现出极强的率相关特性。如冻土的强度指标和压缩模量均会随着加载时间、加载速率产生相应改变。这些指标的变化会进一步引起冻土蠕变规律的改变。在实际工程中观测到的冻土地基或冻结壁的蠕变变形，其实质是荷载、时间、速率等诸多变量共同影响的结果。针对冻土蠕变力学行为的试验和理论研究，不仅限于恒定荷载作用下土体蠕变规律及相关因素，诸如温度、含水量、荷载及含盐量等对其发展规律的影响；通过不同应变速率的压缩试验，能够进一步反映冻土强度、围压等因素随时间发展过程中对其蠕变规律的影响。因而，准确描述实际工程中冻土的流变或蠕变发展规律，需采用不同的试验条件合理地揭示冻土应力、应变加载速率、荷载水平以及时间等因素对其力学行为的影响，并建立可靠的理论模型来描述其率相关力学行为。

1.2 冻土率相关力学性质

自苏联冻土工程专家 H. A. 崔托维奇（H. A. Tsytovich）出版第一部《冻土力学》著作以来，冻土的率相关力学特性一直是冻土工程领域所关注的重点和难点。对于冻土的率相关力学行为，研究者通常是借助常规土力学的试验方法，使用制冷设备控制土样处于负温状态，通过开展不同恒定荷载或应变速率的蠕变或压缩试验来研究其蠕变应变-时间或应力-应变间的相互关系，以此分析冻土的应力、应变、应变速率和时间之间的相互关系。在加载过程中，冻土微观结构会发生结构"损伤"的愈合、被破坏联结的恢复及冰的重结晶等作用，这些过程除了使颗粒重新组合并处于更密实的状态外，还使土体结构得到强化；与此同时，当土颗粒及矿物颗粒发生位移变化时，粒间联结的破坏，结构缺陷及微裂隙等的产生与发展，使土的结构发生弱化。因此在冻土加载过程中，存在两个相互对立的现象——结构的强化和弱化作用。这种微观结构的强化和弱化作用以不同的形式反映在土体的蠕变或者压缩规律当中。反映在蠕变曲线的发展规律当中，冻土的蠕变发展曲线对应于其内部结构的强化和弱化转换过程体现出衰减和非衰减的发展特征，而在压缩条件下的冻土微观结构的强弱转换则体现为不同加载速率条件下出现的应变硬化或应变软化现象。很显然，相对于融土，影响冻土蠕变的因素更加复杂，冻土的率相关力学特性不仅受到矿物成分、土体类型、粒度和含盐量组等因素的影响，还受到含水（冰）量、温度和应力水平等因素的影响。现阶段，针对冻土率相关力学行为的研究大多是围绕恒定荷载条件下的蠕变规律或者压缩条件下冻土的强度研究其与应力-应变-时间-应变速率的发展关系。下面关于冻土率相关力学性质的研究现状也将围绕冻土的蠕变规律和强度两个方面展开论述。

1.2.1　冻土的蠕变特性

有关冻土蠕变特性的研究最早可上溯到 20 世纪的 30 年代，苏联在广袤的西伯利亚地区开展基础建设及矿产资源开发的过程中遇到了大量冻土蠕变造成的工程问题（Tsytovich，1937；Vyalov，1963）。结合工程需要，苏联专家在冻土蠕变的基本规律方面进行了开创性的工作。对于土的基本蠕变特性，大量的研究工作主要集中于 20 世纪。梳理现有针对冻土蠕变的试验研究方法主要包括在室外开展的原位加载试验及室内蠕变试验。对于室外原位测试方面，由于测试手段受特定工程条件的限制，试验获取的冻土蠕变数据大多仅能为具体工程结构变形稳定性评价提供参考，或为相应的理论方法提供验证，但在揭示冻土蠕变普适性的发展规律以及相应影响因素的相互关系其应用价值有限。我国对青藏公路和青藏铁路路基沉降的监测资料显示，青藏高原冻土路基下覆多年冻土上限位置处的蠕变沉降速度在不同的地温、含水量以及地层土质条件下，其量值在 1～10cm 范围内变化（张建明等，2007）。这些实际工程中监测到的冻土层蠕变变形的发展规律通常是特定工程条件、温度、地质条件共同作用的结果，因而有效反映冻土材料的蠕变规律在各种因素作用下的一般性规律，需要使用室内试验手段对其进行试验研究。

1. 冻土蠕变的基本规律

针对冻土蠕变一般性发展规律的研究手段主要是借鉴常规土力学的试验方法来测试冻土处于负温状态下，不同土质、含水量及应力水平条件下土体蠕变变形随时间的发展规律。Eckardt（1979）以一种冻结中砂为研究对象，开展了不同温度条件下 12 组逐级加载蠕变试验，对比分析了应力水平、应变、温度和应变速率间的相互关系。该研究结果显示采用逐级加载的试验方法能够更为有效地获取试验数据样本、降低蠕变试验数量，同时各级压力下产生的蠕变应变增量与初始应变正相关。Herzog 和 Hofer（1981）对一种中塑性的粉质黏土开展了单轴蠕变试验，分析了两种不同温度条件下土样应变和应变速率在不同应力水平条件下随时间的发展规律，通过拟合试验规律得到了使用非衰减型蠕变发展特征的经验公式。Connor 和 Mitchell（1982）通过开展三轴和平面应变试验对比分析了不同试验条件对一种饱和冻结粉土蠕变破坏形式和发展速率的影响规律。结果分析表明，试验条件对冻结粉土的蠕变发展速率影响显著，三轴状态下冻结粉土的蠕变速率总体上均高于平面应变状态。Wijeweera 和 Joshi（1993）开展了两种温度条件下不同含盐量细颗粒冻结土体的单轴蠕变试验，总结分析了含盐量对不同轴压水平下蠕变应变、应变速率的影响规律。结果显示不同含盐量水平下，冻结土体的蠕变应变和应变速率随时间的发展规律基本相似，但蠕变应变和应变速率总体上与含盐量水平正相关。马巍等（1997）使用 CT（计算机层析成像）动态检测技术研究分析了冻结兰州黄土在蠕变不同阶段的细观结构变化，结果分析表明，蠕变过程中围压在蠕变的非衰减阶段会对土体结构产生强化作用，致使土体应变速率持续降低。土体出现非衰减蠕变的情况下结构的弱化作用占主导地位，土体的蠕变速率持续增大，土体中微裂隙持续发展直至土样破坏。赵淑萍等（2006）在四种恒定荷载条件下对山东冻结粉土开展了快、慢两种初期加载速率的蠕变试验。试验结果显示初始荷载的加载速率与蠕变应变速率的发展正相关。在其试验的四组恒定荷载条件下，快速加载条件下的蠕变曲线均呈现蠕变速率的加速破坏，而慢速加载的蠕变曲线均大多呈现出蠕变速率减小的衰减蠕变特征。Qi 等（2010）以冻结兰州黄土为研究对象，开展了四种温度条件下的侧限逐级加载实验，研究了不同蠕变应变对其似前期固结压力的影响。结果显示蠕变发展过程对冻结黄土的似前期固结压力的影响存在强化和弱化两种状态，这主要取决于前期蠕变荷载的水平。而土体中较多的粉粒含量则可能与蠕变破坏应变的降低有关。孙琦等（2015）在不同冻结温度和偏应力状态下开展了风积土的三轴蠕变试验，研究结果显示随着偏应力的升高，不同温度条件下的试验结果均会出现衰减和非衰减两种蠕变发展规律，总体上较低的偏应力水平对应于衰减型蠕变发展规律，而较高的偏应力水平则呈现出非衰减型蠕变发展规律。

现有针对冻土蠕变规律的试验研究工作对影响冻土蠕变规律及其影响因素的考虑已十分全面，应力状态方面既包括仅针对侧限条件下冻土体积变化的侧限压缩蠕变试验，也包括考虑围压影响的三轴或单轴试验条件。同时，已有研究工作也很好地涵盖了大多数工程中遇到的不同粒度成分，含盐量以及矿物成分的土体。总结现有研究成果中的大量试验数据可以得到土体蠕变发展的一般性规律：在三轴等向压缩或侧限压缩条件下，冻土蠕变应变的发展主要表现为衰减型发展特征，即在施加一个恒定荷载后会首先产生一个瞬时变形，随后土样应变速率随着时间的推移会持续地降低，与之对应的是蠕变应变相对于时间的斜率持续减小直至变为一条近乎水平的直线。蠕变应变速率降低的这一过程即为衰减型蠕变；在三轴状态下，应力水平较低时也仅能观察到冻土蠕变速率的衰减和恒定蠕变速率的发展阶段；在应力水平较高时，冻土的蠕变应变会经历完整的三个阶段，即应变速率减小的衰减阶段、基本保持恒定的匀速阶段及快速增长的非衰减蠕变阶段，这就是所谓的非衰减型蠕变发展过程。

2. 冻土蠕变的破坏指标

冻土蠕变过程中出现的应变速率增加以及蠕变应变急剧增大，其实质是土体微观结构在荷载作用下持续劣化，土体结构强度无法支撑现有荷载时出现的破坏现象。针对冻土的蠕变破坏现象，研究者根据冻土的蠕变规律曲线获取相应的破坏指标，以此分析冻土蠕变破坏与应力水平、含水量、含盐量以及加载方式等因素间的关系。对于出现非衰减型蠕变的情形，冻土蠕变速率一般随时间的发展会经历先减小、基本保持恒定到持续增大这一发展过程。在这一过程中，蠕变速率所达到的最小值，即最小蠕变应变速率以及与之对应的蠕变破坏时间和破坏应变通常被作为蠕变破坏指标。Jessberger（1981）使用冻结砂质粉土开展了不同围压和温度条件下的蠕变试验，研究结果显示在相同温度条件下最小蠕变应变速率随围压的增大而持续减小，在相同的围压比条件下最小蠕变应变速率以及破坏应变均随温度降低而持续减小。Ting（1983）通过对比分析不同温度的三轴和单轴试验条件下多晶冰、冻结细砂以及非饱和土体的蠕变关系曲线，得到了非衰减蠕变过程中土体最小蠕变应变速率与蠕变破坏时间间的统计关系。结果显示，对于不同的土质、含水量以及饱和度的土体，最小蠕变应变速率均与时间的对数间存在良好的量化关系，且随着施加应力水平的增大，最小蠕变应变速率和蠕变破坏时间在持续减小。Zhu 和 Carbee（1983）对美国费尔班克斯的重塑冻结粉土开展了一系列不同温度和轴压条件下的单轴蠕变试验，结合试验结果分析了不同温度条件下最小蠕变应变、破坏应变以及蠕变破坏时间间的相互关系。分析统计结果表明，最小蠕变应变速率与轴向压力的倒数间存在良好的幂函数关系；对不同温度条件下的归一化试验结果显示，冻土蠕变破坏应变与蠕变破坏时间的幂函数与最小蠕变速率乘积存在良好的相关性。Fish（1980）通过总结分析不同土质和多晶冰的非衰减蠕变数据得到了不同温度条件下冻土试样或纯冰最小应变速率和蠕变破坏时间的归一化曲线。研究结果显示，经过归一化处理的各类土体以及不同温度条件下的数据，在最小应变速率和蠕变破坏时间的双对数空间内存在良好的统计关系。董连成等（2014）通过分析兰州黄土、砂质粉土以及黏土的三轴蠕变数据，得到了土样类型、应力水平以及温度对蠕变破坏时间和破坏应变的影响规律，结果显示随着温度的降低以及应力水平的减小，土样的破坏时间会随之增大，土样的破坏应变受温度土质以及应力水平的影响不大。

上述针对冻土蠕变发展过程开展的试验研究总体上给出了冻土在蠕变破坏过程中其破坏指标间的一般性关系，即在三轴或单轴蠕变状态下得到的轴向压力与蠕变破坏时间呈反比例关系，应力水平越高，发生蠕变破坏的时间越短。而轴向应力水平与最小应变速率间呈正比关系，也就是说在应力水平越高，土体蠕变速率越快，这对应于越短的蠕变破坏时间。这些破坏指标间的相互关系实质上反映了冻土的压缩强度随时间发展的衰减规律。考虑到冻土蠕变是在恒定荷载这一条件下发展的，较小的轴向压力对应于较大的蠕变破坏时间和较小的应变速率这一现象最终指向一个冻土独有的特性：其强度随时间的推移在持续降低或衰减。也就是说，蠕变条件下冻土强度在随时间衰减的过程中不断地接近当前应力，导致应力水平提高。这种应力水平随时间的动态发展过程决定了冻土的蠕变发展规律。这是冻土蠕变过程中出现非衰减蠕变的主要原因。因而合理、准确地描述冻土蠕变发展规律需要充分考虑其强度随时间的发展这一重要特性。现有针对冻土蠕变特性的试验研究分析大多基于单轴或三轴条件下的某些特定围压水平，仅能反映单一应力条件下强度衰减特性对蠕变发展过程的影响。在一般应力条件下准确描述冻土的蠕变规律，还需综合考虑时间和围压共同影响下的冻土强度特性。

1.2.2　冻土的强度特性

冻土的强度是影响其率相关力学行为的关键指标。在不同的加载条件下，冻土的应力-应变-时间-应变速率以不同的形式反映其强度特性。如前所述，在蠕变条件下冻土的强度随时间的发展呈现出持续降低的衰减规律。而在恒定应变速率的压缩试验条件下，冻土的强度总体上则表现为应力应变曲线上获取的峰值压缩强度随压缩速率的降低而降低的发展关系。由此可见，通过冻土蠕变-时间关系或恒定压缩速率条件下的应力-应变得到的强度特性，类似于硬币的两个面，无论使用哪种加载方式获取的冻土强度指标，均代表了冻土固有的力学属性。在冻土力学试验研究中，由于三轴压缩试验获取的应力应变关系能够更为直观地反映土体的强度与应变速率、温度、含水量、矿物成分和围压等各因素间的相关性，现有针对冻土强度特性开展的试验研究大多采用不同应变加载速率条件下的三轴压缩试验。

1. 压缩强度的率相关特性及长期强度

由于未冻水和冰的存在，冻土的应力-应变关系呈现出强烈的率相关特性。研究者通常是通过不同应变速率条件下的压缩试验来研究冻土强度随时间的变化规律。Goughnour 和 Andersland（1968）以一种饱和冻结砂土为试验对象，开展了在不同加载速率的单轴压缩试验，通过统计分析冻结砂土峰值强度和应变速率间的关系，得到了相关材料参数；在此基础上研究分析不同加载速率条件下，饱和砂土的应变硬化和软化发展规律；总体上较高的加载速率条件下土样会出现应变软化的情况，而较低的加载速率条件下主要观察到的是应变硬化现象。Bragg 和 Andersland（1981）研究了应变速率、温度以及土样尺寸对冻结砂土单轴压缩特性的影响，研究结果显示单轴压缩强度随着土样尺寸的增加变化较小，但随温度和压缩速率的减小而降低的趋势影响较为显著。朱元林和 Carbee（1984）对费尔班克斯冻结粉土开展了不同温度和压缩速率条件下的单轴试验研究，结果显示不同温度条件下冻结粉土的峰值压缩强度随着压缩速率的增大显著提高，在不同压缩速率条件下峰值强度与温度的对数间存在良好的线性关系，而冻土的破坏应变在不同的温度和初始干密度条件下受加载速率的影响并不显著。李洪升等（1995）以一种砂质粉土为研究对象开展了三种不同温度条件下的单轴压缩试验，通过统计分析 9 级不同加载速率条件下峰值强度试验数据，给出了峰值强度与压缩速率间的双对数线性统计关系；同时，在不同加载速率条件下，该冻结砂性粉土的峰值强度与温度呈线性反比关系。Xu 等（2017）针对冻结黄土开展了四种负温条件下的单轴压缩试验，结合试验结果统计分析了屈服应力以及峰值强度随温度和加载速率的发展变化关系。结果显示随着温度的降低，冻结黄土的屈服应力和峰值强度均随着温度的升高而线性降低；不同温度条件下屈服应力和峰值强度均与加载速率在双对数空间内存在良好的线性正比关系。针对冻土的三轴压缩强度，现有研究成果已十分丰富，考察了不同温度、不同土质以及含水量条件下加载速率对冻结土体峰值强度和应力应变关系的影响规律。总体来看，目前的研究结果在不同加载速率条件下对冻结土体峰值强度的影响规律较为统一，即压缩条件下冻土的峰值强度与压缩速率成正比，随着压缩速率的升高其强度持续增大。加载速率越低，表明冻土达到破坏则需要更长时间的加载施加，与之对应的是更低的峰值强度。这一结果也从三轴试验的角度证明冻土的强度在荷载作用下出现持续降低或衰减的现象。

观察到冻土压缩强度随时间发展或应变速率的降低而持续降低的现象，研究者提出了长期强度的概念用以评价冻土基础的长期变形稳定性（Vyalov 和 Tsytovich，1955）。冻土地基稳定性取决于一定使用时间范围内强度指标的最小值，即长期强度极限。而对这一指标的准确预测主要依赖于冻土强度与时间或应变速率间量化关系的准确性。结合一系列细颗粒冻结土体的长期蠕变试验检测结果，Vyalov（1963）最早通过分析试验数据得到了单轴蠕变荷载与破坏时间间的量化统计关系。结果显示蠕变强度是时间对数的反比例函数。这一量化关系考虑了土体温度以及土质的影响。Zhu 和 Carbee（1983）结合大量单轴蠕变数据，分析统计了不同温度条件下蠕变荷载与时间的函数关系。结果显示对于蠕变过程中的强度衰减规律，存在一个临界时间。冻土蠕变强度随时间的发展规律依据实际时间与临界时间的相互关系可使用短期和长期蠕变强度公式进行预测。总体上这一蠕变强度与时间对数成反比，同时考虑初始应力和温度的影响。以上方法均是采用蠕变试验结果得到的冻土强度与时间的发展关系函数。结合不同加载速率条件获取的应力应变曲线，研究者使用三轴压缩试验结果也提出了类似的冻土压缩强度与时间或应变速率间的发展函数。朱元林和 Carbee（1984）通过统计分析不同压缩速率条件下冻结粉质砂土的数据结果得到了峰值强度与应变速率对数间的经验公式。在该经验公式中结合破坏应变与应变速率，即可得到压缩条件下强度随时间的函数关系。考虑到采用蠕变和压缩试验获取强度-时间发展关系需开展耗时巨大的试验工作，吴紫汪和马巍（1994）在不同温度和含水量条件下，提出了基于松弛试验的强度-时间关系确定方法。该方法相较于蠕变和压缩试验最大的优点在于通过一组加载试验数据即可得到土体应力随时间降低的相关函数。

通过分析冻土强度和时间或应变速率相关关系的研究工作可以发现，冻土的强度随时间的发展或应变速率的降低是在持续减小或衰减的，这是冻土相较于其他岩土材料特有的力学属性，因而在描述冻土的率相关力学行为时应充分考虑。同时，上述工作大多是在单轴或某一特性围压下开展的三轴试验结果。完整描述复杂应力条件下冻土的率相关力学行为，则需要在更为一般的围压条件下考察冻土的强度特性。

2. 围压对冻土强度的影响规律

在常规土力学中，通常使用强度包络线来表征土体强度在一般应力空间中的状态。研究者也借鉴这一方法来描述冻土强度在复杂应力状态下的变化情况。由于冻土中孔隙冰和未冻水的存在，冻土的微观结构随着围压水平的提高会出现强化和弱化两种现象。在围压水平较低时，土体中的微观裂隙在压力作用下产生闭合，微观结构得到强化，相应地其强度随着围压的升高而持续增大；当围压增大到一定程度时，土体中出现的孔隙冰的压融、矿物颗粒的挤碎以及微裂隙的扩展发育致使冻结土体微观结构的弱化，宏观上则表现微冻土强度随围压升高而产生的降低现象。研究者开展了大量的试验工作，研究围压对冻土强度复杂的影响规律。

Sayles（1966）发现在低围压下，冻结砂土的应力应变曲线呈现双峰值，分别位于应变低于 1% 和约 8% 处，认为分别对应冰的强度和砂土强度。采用冻结细砂的蠕变实验研究发现在应变 1% 前斜率发展与冰的单轴曲线斜率相似，之后的曲线与非饱和砂土相似；说明在小应变时以冰的强化为主，后期以砂的摩擦和冰与砂的相互作用为主。Chamberlain 等（1972）对渥太华冻结砂和冰碛土进行了较大围压范围内的三轴压缩试验，研究结果表明，两种土样的强度随围压的变化规律可分为三个阶段，即初始上升阶段、基本恒定阶段及随围压的缓慢上升阶段。Ting（1983）通过冻结砂土的三轴压缩试验发现，在中低围压下冻土的强度显著高于冰或砂的强度，当围压超过 180MPa 后，采用冻砂全应力绘制的应力应变曲线得到的强度远小于未冻砂的有效应力强度。崔广心等（1994）、李毅（1996）和崔广心等（1997）通过试验证实了上覆土压力对深土结冰温度的作用，发现除非饱和砂土外，各种饱和土的温度随着外载的增加而降低，其变化率在 $0.07 \sim 0.08$ MPa/℃之间。冰点升高 0.1℃，需要约 1.35MPa 的压力，因此在一般围压的作用下，冻土中的冰很难发生融化，但在高温冻土和在颗粒接触处的应力集中不排除产生较大的应力。Chamberlain（1972）等将强度随围压的缓慢升高归结为冰的完全融化对土体黏性胶结和土壤结构部分产生稳定作用的结果。马巍等（1993）以冻结兰州砂土和冻结粉土为研究对象，开展了不同围压条件下的恒定压缩速率三轴试验，得到了不同温度条件下的强度包络线。对比分析试验结果表明，应力空间中强度包络线位置均会随着温度的降低而升高，这与单轴试验的结论一致。同时，随着围压的增大，两种测试土体的强度均出现先增大、达到峰值后非线性降低的趋势。强度包络线达到峰值所对应的围压随温度的降低而增大。赖远明等（2007）在较大围压范围内开展了冻结砂土的三轴压缩试验，根据试验规律研究分析了冻结砂土随围压增大的非线性变化规律。结果显示较粗颗粒土体中较低的未冻水含量能够有效延缓孔隙冰的压融现象，相应地其强度开始降低时，所对应的围压随之增大。Yang 等（2010）基于三轴试验分析了冻结砂土强度包络线在偏应力和等向压力空间中的形状，并结合各项同性假设将其拓展到三维主应力空间，得到冻结砂土在主应力空间的屈服面形式。Ma 等（2016）使用冻结标准砂研究了不同温度和围压条件下压融和压碎现象对土体峰值强度和应力发展规律的影响，研究结果显示较高的温度和围压条件下冻结标准砂的应力应变曲线及峰值强度均表现出较强的离散性，而随着温度和围压的降低，应力应变关系曲线及峰值强度的离散性显著降低。这表明冻结砂土在加载过程中表现出的力学指标离散性很大程度上受控于冻结土体在加载过程中出现的压融和压碎现象。

现有大量针对各类冻结土体的三轴压缩试验结果表明，冻结土体的强度包络线在较大围压范围内呈现出非线性变化的趋势，采用常规土力学中描述强度随围压线性变化的强度准则显然是不适用的。对冻土强度随围压非线性发展的这一特点，还需建立与之匹配的非线性冻土强度准则用以描述冻土强度随围压非线性变化对冻土力学行为的影响。

3. 考虑围压和时间影响的非线性冻土强度准则

基于冻土强度随围压非线性变化这一基本规律，Vyalov（1986）等基于融土的 Mohr - Coulomb（莫尔-库仑）准则、Drucker 准则以及 Von Mises 准则初步建立了适用于冻土的简单形式的非线性强度准则。这些工作大多针对较小围压范围内容，冻土强度随围压单调升高的情况，但无法适用于冻土强度在较大范围内先增大而后非线性减小的完整变化过程。针对冻土强度的非线性变化规律，Fish（1991）和马巍等（1993）基于不同围压和温度条件下细颗粒冻结土体的强度包络线形态构建了三轴剪切强度与等向压力间的抛物线型屈服准则。这一屈服准则能够描述冻结土体强度随围压非线性变化的总体趋势，且结构形式简单，其形状参数和位置参数在低应力条件下具有明确的物理意义，便于工程应用。通过分析不同温度条件下冻结砂土强度随围压的变化规律，Qi 和 Ma（2007）提出了适用于非线性 Mohr - Coulomb 破坏准则，该准则将冻土强度解耦为黏聚力和摩擦力两部分且均是应力状态的函数，结合不同应变速率条件下两种冻结砂土的强度数据的验证分析表明，该准则能够有效描述冻结砂土强度随围压增大的不规则非线性变化规律；Lai 等（2010）根据冻结粉土的三轴试验结果，提出了 p - q 平面上的临界强度曲线以及偏平面上的形状函数，以此建立了主应力空间的破坏函数；罗汀和罗小映（2011）基于姚仰平提出的广义非线性强度准则，建立了冻土广义非线性强度准则，该准则的破坏函数位置介于 Mises 准则与 SMP 准则之间。Yang 等（2013）在原有 Hoek - Brown 准则的基础上引入了围压相关的非线性参数，提出了修正的 Hoek - Brown 准则用以描述冻结粉土的非线性强度特性；牛亚强等（2016）针对冻结粉质黏土得到了广义黏聚力和内摩擦角随围压的变化规律，并建立了非线性破坏准则；Liao 等（2017）对负温盐渍土进行了不同围压下的三轴压缩试验，建立了考虑盐分含量影响的强度准则，该强度准则能够较合理地反映出冷冻盐渍土的强度特征。张德等（2018）基于冻结粉土的低温三轴压缩试验，修正了子午面内 p - q 曲线的斜率，建立了主应力空间子午面上的强度准则，该准则反映了冻土在低围压下的强化效应和高围压下的弱化效应；Luo 等（2019）根据三轴压缩试验结果，基于二元介质模型的概念，提出了描述冰碛土非线性强度特性的强度准则，该强度准则考虑了冰碛土的非均质性，能够较好地描述冰碛土的强度特征。Liu 等（2019）基于广义双剪强度理论提出了一种适用于冻土的双剪统一强度准则，该准则能够合理描述单剪、双剪和三剪强度标准之间的转换关系。

目前针对冻土强度的各类非线性破坏准则，大都基于特定应变速率条件下的三轴压缩试验结果，通过考虑温度、含水量和含盐量等因素来描述围压对冻土强度的影响。总体上，现有各类冻土强度准则均能合理反映围压增大过程中微观结构的强化和弱化现象对土体宏观强度特性的影响。以恒定应变速率试验结果为基础得到的各类强度准则主要针对某一时间点上冻土的强度特征，考虑到冻土强度随时间的发展或应变速率的降低在持续地衰减这一重要特性，冻土的强度准则还需考虑强度衰减的影响。为了完整描述冻土强度衰减在一般应力空间中的发展变化规律，Vyalov 等（1963）开展了不同围压条件下冻结砂的蠕变强度试验，针对不同围压范围，分别得到了不同温度条件下土体强度包络线在蠕变条件下的发展规律。结果显示，在较小围压条件下，冻土强度包络线可以类似于直线型的 Mohr - Coulomb 强度包络线。随着时间的推移，强度包络线在 $p - q$ 空间内平行下移；在较大围压范围内，不同时间冻结砂土的强度包络线为一系列几何相似开口向下的曲线。随着时间的推移，包络线的位置也在持续下降。冻土强度在一般应力空间中随时间推移的这一特征也为 Ladanyi（1972、1983）的研究工作所证实。结合不同围压条件下的蠕变和压缩试验，Ladanyi（1983）分别得到了不同时间和压缩速率条件下冻土强度包络线在应力空间的发展规律。结果显示，应变速率和时间对强度包络线的影响主要体现为其在应力空间中的位置，即强度包络线与偏应力轴的截距，也就是说冻土的黏聚力随时间的推移在持续衰减；而强度包络线的形状则随时间的变化基本保持不变，这表明表征强度的另一关键参数内摩擦角是不受加载时间或速率影响的。基于这一特征，马巍等（1994）在 Fish（1991）建立的抛物线型强度准则的基础上，引入了黏聚力衰减函数，使之能够综合反映时间和围压影响下的非线性发展规律。这一强度准则的建立对时间和围压的影响在冻土强度准则中进行了统一，将其引入冻土的本构模型则可以合理描述加载速率或时间对其力学行为的影响。

1.3　冻土率相关本构模型

在荷载作用下，土体中的孔隙冰、未冻水以及微观裂隙发生的动态变化会对土体微观结构产生强化和弱化的双重作用。这些因素对冻土的率相关力学行为的影响至关重要。因此，需要综合考虑冻土微观结构变化的量化指标来合理描述冻土的应力-应变-时间-应变速率间的量化关系。自冻土力学这门学科建立以来，冻土率相关本构模型的研究在引入和借鉴金属、常规土力学本构理论的基础上，通过考虑冻土率相关力学特性如长期强度、破坏时间、最小蠕变应变速率和非线性强度准则等来描述冻土宏观力学行为；从微观结构损伤的角度，通过定义损伤变量并将其引入传统的弹塑性或黏弹塑性本构方程来描述冻土的应力、应变从加载发展至破坏的过程。现有针对冻土率相关力学行为提出的本构模型大致可以分为经验型本构模型、微观损伤本构模型和经典率相关本构模型。下面将从这三个方面对冻土率相关本构模型的研究现状进行详细论述。

1.3.1 经验型本构模型

经验型本构模型通常是针对具体的工程条件在特定应力水平条件下对土体进行一系列的蠕变和恒定速率的加载试验,根据获得的试验数据对结果进行数理统计回归拟合,从而建立起对应的应力-应变-时间-应变速率经验方程。经验型本构模型的准确性和可靠性主要依赖于数据样本的数量和质量,同时得到此类关系的应力条件较为单一,严格来说,经验关系不属于本构模型的范畴。但这一类型的方法由于其相关参数易于通过简单的试验条件获取,同时结构形式大都较为简洁,是目前在工程计算当中应用最为广泛的一类本构模型。由于经验型率相关本构模型的简单易用性,其在融土中已得到了广泛的应用。

类似于经验本构模型在融土率相关力学行为方面的应用,该类本构模型在冻土中也是通过统计分析大量试验结果,总结试验规律来拟合描述不同温度、应力水平以及土质条件下土体的应变随时间或应变速率的发展规律。朱元林等(1992)在大量单轴压缩试验的基础上将冻土应力应变状态分为 9 类,并根据 9 种类型不同的应力-应变形式的应变速率和温度范围,编制了冻土单轴压缩本构模型类型图,这些早期的试验研究工作对冻土基本力学性质的认识有着重要的奠基作用。基于有限变形理论,荣传新等(2005)通过分析冻土三轴蠕变实验结果,结合 Green 应变与 Kirchhoff 应力的计算公式给出了冻土有限变形本构模型以及参数的获取方法。通过运用这种方法预测出的冻结壁工程的侧向位移值与实测结果相近,这种方法主要针对深部凿井冻结壁侧向变形的预测和计算。Sayles 等(1973)对渥太华冻结砂土进行了三轴常应变试验和三轴蠕变试验,并对这种冻土的力学行为做了较系统的分析。Fish(1980)在大量动力试验结果的基础上总结了冻土的率相关力学性质的长期变化规律。这些针对冻土应变-应力-时间-应变速率的经验关系分析工作主要是基于单轴条件下冻土的蠕变应变发展过程开展的,其主要目标仍然是针对冻土蠕变过程的不同阶段进行量化描述。对于冻土在三轴或三轴状态下的一般性蠕变规律,现有的试验研究已得到了较为统一的结论。总体上,随着轴向应力水平的不同,冻土的蠕变应变随时间的推移会出现衰减型和非衰减型两种发展趋势。通常在低应力水平条件下,冻土蠕变应变速率呈现出随时间持续减小并最终趋于零的衰减特征;在较高应力水平条件下,随着时间的推移,应变速率则呈现出先降低、基本保持恒定到加速增大的非衰减特征;对于压力水平高于土体短期瞬时强度的情况,则会出现应变速率随时间持续急剧增大的非衰减特征。已有针对冻土蠕变过程所提出的经验型本构模型也是针对冻土蠕变的不同阶段,建立相应的量化关系来描述土体蠕变的发展规律,主要包括衰减型蠕变方程、非衰减蠕变方程、全过程蠕变方程。

1. 衰减型蠕变方程

早期在冻土工程中通常遇到的冻土蠕变变形大多是较低应力水平条件下的衰减型蠕变情况。鉴于此,Vyalov(1963)借鉴金属蠕变中的老化理论得到了考虑温度和应力水平影响的衰减型蠕变过程方程:

$$\varepsilon^m = \sigma \left[\frac{1}{A_0} + \frac{1}{\xi} t^\lambda \right] \tag{1.1}$$

其中, $\qquad\qquad A_0 = W(1-T)^k, \xi = \omega(1-T)^k$

式中: ε、σ 和 t 分别为轴向应变、轴向应力和时间; A_0 为初始应变系数; m 为总应变强化系数；λ、k 和 ω 为蠕变系数；W 为含水量；T 为温度。

式（1.1）主要用于描述冻土试样在荷载施加后产生的瞬时应变，第二项则用以描述冻土应变速率在恒定作用下的持续衰减过程，也就是冻土的衰减型蠕变。

式（1.1）采用幂函数的形式，在大的发展趋势上能够对衰减型蠕变趋势进行描述，但对各类复杂土体，在不同含冰量和温度条件下其精度并不理想。Takegawa 等（1979）在 Vyalov 衰减蠕变公式的基础上，针对具体工程条件下土层中分凝冰层对冻结土体蠕变规律的影响，分别对有无分凝冰条件下的冻结砂土、粉土和黏土开展了不同温度和含水量条件下的单轴蠕变试验，通过拟合单轴蠕变数据得到了冻土试样在不同分凝冰赋存条件下的蠕变方程：

$$\varepsilon = \frac{\sigma}{W(1-T)^k} + \left[\frac{\sigma t^\lambda}{\omega(1-T)^k}\right]^{1/m} \tag{1.2}$$

$$\varepsilon = \frac{\sigma}{W(1-T)^k} + \left[1 + a\lg(1+t)\right] \tag{1.3}$$

其中，式（1.2）适用于含有分凝冰层的冻土试样，而式（1.3）则适用于孔隙冰在冻土试样内均匀分布的情况。从式（1.2）和式（1.3）可以看出，Takegawa 等提出的蠕变经验公式总体形式上仍然和 Vyalov 蠕变公式保持一致，唯一不同的是对于孔隙冰均匀分布且含水量较高的冻土试样，式（1.2）采用了蠕变应变与时间的对数函数来描述冻土在蠕变衰减阶段的应变发展规律。总体上式（1.1）~式（1.3）在描述冻土衰减型的蠕变发展趋势方面是相同的，方程形式上的差别主要来源于土质含冰量等因素的不同。

2. 非衰减型蠕变方程

在较高应力水平条件下，冻土蠕变应变速率会经历一个短暂的恒定发展阶段，随后出现蠕变速率加速增长的蠕变破坏过程，也就是冻土的非衰减蠕变情况。针对这一现象，研究者提出了基于最小蠕变速率或破坏时间等蠕变破坏指标的非衰减蠕变方程。Ladanyi（1972）通过总结分析各类冻土试样在单轴状态下的非衰减蠕变发展特征，通过拟合分析试验数据得到了适用于蠕变应变从基本恒定到加速发展的经验模型：

$$\varepsilon = \frac{\sigma}{E} + \varepsilon_k \left(\frac{\sigma}{\sigma_k}\right)^k + t\dot{\varepsilon}_c \left[\frac{\sigma}{\sigma_c}\right]^n \tag{1.4}$$

式中：σ 为施加应力；E 为线弹性模量；ε_k 为参考应变；σ_k 为温度相关的非线性初始应变参考应力；σ_c 为温度相关的蠕变应变速率参考应力；n 和 k 为与温度、土质及含水量相关的有关的参数；$\dot{\varepsilon}_c$ 为一标准参考应变速率，一般取蠕变应变速率曲线上恒定应变速率阶段的数值。

式（1.4）中的第一项和第二项分别表示与应力水平相关的线性及非线性瞬时加载应变，而第三项则对应与时间相关的蠕变应变。对比试验和公式计算结果表明，该公式能够准确描述土样在高应力水平条件下冻土蠕变应变速率的非衰减发展情况。考虑到该模型中较多的经验参数获取较为烦琐，且物理意义不够清晰等问题，Ting（1983）结合不同轴压条件下的单轴蠕变试验结果，直接根据试验数据中获取的最小蠕变应变速率和蠕变破坏时间为模型参数，给出了非衰减蠕变应变速率公式：

$$\dot{\varepsilon} = A\exp(\beta t)t^{-m} \tag{1.5}$$

其中，
$$\beta = \frac{\ln(\dot{\varepsilon}_0 - \dot{\varepsilon}_s)}{t_s \ln\left(\dfrac{t_s}{t_0}\right) + (t_0 - t_s)} \tag{1.6}$$

$$A = \frac{\dot{\varepsilon}_0 - t_0^m}{\exp(\beta t_0)} \tag{1.7}$$

$$m = \beta t_s \tag{1.8}$$

式中：$\dot{\varepsilon}_0$ 为蠕变起始时间 t_0 所对应的起始应变；$\dot{\varepsilon}_s$ 和 t_s 为最小蠕变应变速率和与之对应的蠕变破坏时间。

式（1.5）主要是对 Ladanyi（1972）非衰减型蠕变式（1.4）中应变速率相关项的修正。该公式的优点在于更加易于获取经验参数，且物理意义明确。结合冻结砂土、粉土以及黏土等试验数据的对比分析表明，Ting（1983）提出的非衰减型蠕变经验公式对描述冻土蠕变的加速发展过程具有较好的预测精度。

3. 全过程蠕变方程

冻土蠕变过程中仅出现蠕变速率的衰减阶段或者持续加速发展的非衰减情况均是具体工程条件下的特殊情况。在恒定应力作用下，冻土蠕变会经历从衰减到非衰减型蠕变完整发展过程。针对冻土蠕变的全过程发展规律，Fish（1976）结合热力学理论，建立了可以描述冻土蠕变全过程的半经验公式：

$$\dot{\varepsilon} = C\frac{KT}{h}\exp\left[-\frac{E}{RT}\right] \cdot \exp\left(\frac{\Delta S}{K}\right) \cdot \left(\frac{\sigma}{\sigma_0}\right)^m \tag{1.9}$$

式中：C 和 m 为温度无关的无量纲参数；σ_0 为冻土的极限瞬时强度；E 为冻土活化能；K 为波尔兹曼系数；h 为普朗克常数；R 为气体常数；T 为绝对温度；ΔS 为熵差。

该经验公式依赖于基础热力学参数，得到的计算结果在总体趋势上能够完整描述冻结土体的蠕变全过程发展规律，但预测精度不够理想。此后，结合先前大量研究者提出的衰减型和非衰减型蠕变经验公式，Gardner（1984）和 Zhu 和 Carbee（1987）等综合考虑冻土的长期强度、最小蠕变应变以及初始应变等多参量的影响，提出了参数物理意义较为明确的过程蠕变经验公式。王正贵等通过考虑蠕变的破坏应变，基于黏弹塑性假设建立了描述冻土蠕变全过程的方程。

通过对冻土蠕变经验关系的论述可以发现，完整描述冻土的蠕变发展规律是一个复杂且难度极大的工作。考虑的因素越多，则涉及参数越多；描述的过程越全面，所得到的经验公式其方程形式越复杂。依据试验数据统计分析得到的经验关系大多仅适用于简单的力学条件，在应力状态多变且复杂的工程条件下，这些经验型预测公式的适用性非常有限，因而需要借鉴常规土力学中的理论方法描述冻结土体在一般应力状态下的蠕变或率相关力学行为。

1.3.2 微观损伤本构模型

冻土的损伤本构模型是研究者在大量机理性试验研究的基础上提出的一类本构模型。冻土在加载过程中土体中颗粒间的微观裂隙发展、孔隙冰的形态及其与未冻水间的相互转化等均会对土体的结构产生强化和弱化的影响，进而引起宏观力学行为的相应变化。借鉴损伤力学中"损伤度"的概念则能对土体结构的强化或弱化状态进行量化描述，进而描述冻土的宏观力学行为。随着冻土力学测试技术的进步，诸如扫描电镜、计算机层析技术、电阻率以及核磁共振等技术手段都被用于冻土损伤的检测和定义。使用这些先进技术手段定义的冻土损伤变量，研究者基于损伤力学的理论框架提出了适用于描述冻土力学行为的损伤本构模型。

冻土微观损伤变量可以基于微观两个层面的力学指标进行定义，如采用孔隙间距、未冻水的分布状态指标等定义的微观损伤变量。如苗天德等（1995）在结合微观结构观测与宏观试验数据的基础上，应用引入损伤内变量来描述冻土微观结构的变化，提出了冻土蠕变的损伤理论，并结合单轴压缩试验验证了该理论的准确性。He 等（1999）在热力学原理与连续介质力学的理论基础上，提出了黏弹塑性损伤耦合冻土本构模型。宁建国和朱志武（2007）通过运用复合材料的细观力学原理，提出了考虑冻土损伤的弹性本构模型。该损伤本构模型能预测不同温度与不同冰体积下冻结砂土的应力应变发展规律。刘增利等（2005）以冻结黄土为研究对象，运用单轴压缩动态 CT 试验，采用热力学以及连续介质力学理论，建立了适用于单轴压缩条件的冻土损伤本构模型。通过采用动态 CT 识别方法与硬化曲线法，对冻土损伤的两个阶段——塑性损伤、微裂隙扩展损伤，进行损伤计算，进而得出了冻土弹性应变与附加损伤的对应关系，提出了能进行有效应力计算的冻土损伤演化本构模型。吴旭平等（2013）基于连续损伤力学理论及冻土横观各向同性损伤变量推导公式，根据冻土三轴剪切试验结果，系统研究了温度、含水率和围压对冻结重塑黏土的损伤特性的影响，分析得到了冻结重塑黏土的微观损伤特性及机理。基于微观或细观层面的本构模型对揭示冻土力学行为以及强度机理具备其先天优势，然而该类理论关系中较多的理论参数极难通过常规试验获取，这是微观损伤理论很难应用于实际工程的主要原因。

1.3.3　经典率相关本构模型

Dafalias（1986）和 Wu 和 Kolymbas（1990）在亚弹性理论的基础上，基于连续介质力学，运用张量分析的方法，根据各向同性张量函数的表现定理建立了应力率与应变率之间的非线性本构模型，即亚塑性理论。徐国方（2012）在热力学理论基础上，结合该模型提出了考虑温度的冻土亚塑性本构模型。冻土亚塑性本构模型不需要考虑常规弹塑性理论中的塑性势、流动准则、硬化准则、屈服面或者将应变分解为弹性应变和塑性应变。为了合理描述冻土蠕变过程的三个不同变形阶段，即衰减变形、恒定速率阶段以及加速蠕变阶段，该理论引入应变率因子的概念。该模型可以考虑应力路径的影响，涵盖了较大的密度范围，能够很好地描述不同温度条件下冻土蠕变的不同发展阶段。冻土亚塑性本构模型的优势在于简洁的数学表达形式，使其在岩土材料，尤其是受多因素控制的高温冻土的本构模型研究中具有极大的优势。

黏弹塑性本构模型目前在冻土工程中的应用最为广泛。研究者通常结合冻土的力学特性，在既有融土黏弹塑性本构模型的基础上引入适用于冻土的硬化规律、强度准则、损伤变量以及塑性流动准则来建立冻土的黏弹塑性本构模型。冻土的黏弹塑性理论，是在融土黏弹塑性理论框架基础上，通过引入冻土特有的力学特性来描述冻土的率相关力学行为。蔡中民等（1990）将总应变分为衰减蠕变与非衰减蠕变分别考虑，提出了能够考虑温度效应的黏弹塑性本构模型。对比冻结粉砂的试验数据表明，该模型能模拟冻土在恒载与反复加载条件下应力-应变-时间关系曲线。李栋伟等（2007）以黏弹塑性模型为元件，提出了考虑冻土在卸载条件下的剪胀性的椭圆-DP双屈服面的冻土蠕变模型，该模型能够反映在卸载条件下冻土产生的体积应变，更全面地表现冻土在下载条件下的蠕变特性。李双洋等（2007）基于概率与数理统计理论，利用冻土强度服从Weibull分布的特性，从冻土内部存在裂隙、空洞等缺陷出发，建立了能够反映高温冻土破坏过程的单轴随机本构模型。李清泽等（2010）利用K-S检验法确定了高温冻土的强度分布模型，并根据Drucker-Prager破坏准则提出了适合高温冻土的统计本构模型，该模型能较好地反映高温冻土应力应变曲线的变化过程。徐湘田等（2014）研究了冻结黄土的变形特性，并基于弹性模量的劣化参数，分析了围压对劣化参数的影响，得到适用于冻结黄土的双曲线模型黏弹塑性本构模型。Wang等（2014）结合Maxwell体（麦克斯韦体）、Kelvin体（开尔文体）以及Bingham体（宾汉姆体）等力学元件，提出了能够反映冻土蠕变的元件蠕变模型，该模型通过引入冻土的抛物线型屈服准则用以反映不同围压对冻结砂土的蠕变发展规律的影响。洪卫（2017）对冻结重塑土进行不同含水率及温度下的单轴试验，通过单轴蠕变试验建立了考虑结构损伤的蠕变模型，并用损伤本构模型去拟合蠕变与冻土抗压强度的关系，结果表明此损伤本构模型能较好地描述冻结黏性土应力应变曲线的弹性阶段和损伤阶段。张向东等（2018）通过循环加、卸载试验，确定了冻土在不同温度下的疲劳损伤参数；根据弹性模量退化特征提出了动弹模衰减控制方程并建立了冻土唯象疲劳模型，构建了疲劳和弹性模量退化的直接联系。张德等（2018）基于试验结果，假设冻土微元强度的分布规律服从Weibull分布函数，通过修正Mohr-Coulomb非线性屈服准则来描述冻土微元强度破坏准则，建立了反映冻土破损全过程的随机统计本构模型。以上冻土黏弹塑性模型大都考虑了冻土强度或蠕变发展特性，将冻结土体的非线性强度发展规律引入黏弹塑性理论框架，分析了冻土强度随围压非线性发展对土体率相关力学行为的影响。由于这类模型物理意义明确且模型参数易于通过常规土力学试验获取，因而在冻土地基沉降计算中得到了广泛的应用。考虑到冻土加载过程中其强度随时间衰减的特性，还需对现有理论模型进一步改进，使之更为合理地描述不同加载条件下冻土的率相关力学行为。

1.4 本章小结

本章首先对冻土的率相关力学行为的试验研究工作进行了系统的梳理和总结，并对现有冻土率相关本构模型的研究进展进行了分析。现有针对冻土率相关力学行为的试验研究工作已相当全面，但在冻土率相关本构模型的理论研究方面还存在一些不足有待进一步完善。针对冻土蠕变规律提出的各类理论模型均具有其特有的优势和一定的适用性。基于简单试验条件得到的经验型本构模型，其结构简单参数较易获得，然而适用条件单一，对于复杂的冻土工程问题适用性有限。微观损伤本构模型在微观角度对冻土的力学特性进行了准确的描述，然而繁多的损伤变量较难通过常规试验获取，因而该类理论的实用性大打折扣。亚塑性本构模型结构形式较为简洁，适用范围较广，在工程应用中具备其独有的优势。目前广泛使用的黏弹塑性本构模型物理意义明确，参数获取比较简单。目前仍需进一步考虑冻土强度随围压和时间的非线性发展规律，完善黏弹塑性理论进而提高其工程适用性。本书后续章节在概述冻土的率相关力学行为的基础上，主要介绍内容包括以下五个方面：

（1）现有经典率相关本构模型的比较分析。针对三类经典的率相关本构模型，包括亚塑性蠕变模型、黏弹塑性力学元件模型及软土蠕变模型，通过对比各类模型在不同应力水平条件下对蠕变应变和应变速率结果，分析各模型在描述蠕变发展方面的预测精度，明确各类模型的特点及适用条件。

（2）冻土侧限率相关力学行为分析及软土蠕变模型的验证。开展侧限条件下冻土逐级加载蠕变试验，研究不同温度、荷载、含水量及土质条件下冻土侧限压缩特性。分析简单条件下冻土的率相关力学行为，同时结合一维软土蠕变模型验证其描述冻土力学行为的适用性并进行相应修正。在此基础上，结合试验结果和修正一维软土蠕变模型分析应力历史对冻土屈服应力的影响规律。

（3）建立考虑冻土强度衰减准则的率相关本构模型。开展不同温度和加载条件下的三轴蠕变与压缩试验，提出适用于时间相关冻土非线性强度屈服准则的强度参数获取方法，得到随时间和围压非线性变化的冻土强度准则。将其引入经典的软土蠕变本构模型，得到时间相关的塑性势函数，最终建立考虑强度衰减的冻土率相关本构模型。在此基础上分析冻土力学特性对其应变硬化、软化发展规律及静止侧压力系数的影响规律。

（4）建立以温度为自变量的冻土蠕变模型。突破现有本构模型以应力为自变量的理论局限，开展增温条件下冻土侧限逐级加载试验，采用率相关分析方法分析不同应变速率条件下，冻土应变与温度条件间的关系。总结提出蠕变应变与温度间的侧限压缩本构模型。

（5）冻土局部应变率相关力学行为及特征分析。结合自主研发的冻土平面应变可视化试验装置，开展不同温度和加载条件下的平面应变试验。研究分析蠕变和压缩条件下，冻土剪切带的发展过程与宏观力学行为间的关系。在此基础上结合离散元计算方法，分析冻土细观力学变量与宏观力学行为间的内在联系。

第 2 章　冻土率相关力学行为概述

冻土具有复杂的内部结构，其内部微观结构间除了矿物颗粒之间的接触作用外，还包括孔隙冰与矿物颗粒的黏结作用及未冻水与冰和土颗粒间黏滞作用。这些孔隙冰、未冻水以及土颗粒间的相互作用在宏观上体现为冻结土体复杂的应力-应变-时间-应变速率关系，即冻土的率相关力学特性。本章将在简要论述不同加载条件下冻土的率相关一般规律的基础上，系统介绍现阶段有关冻土力学试验仪器的研制工作以及土体在蠕变和压缩条件下压力水平、含水量（含冰量）、应变速率以及温度等因素对冻土蠕变及强度影响规律。

2.1　冻土应力-应变-时间-应变速率关系概述

在恒定压缩速率或恒定压力条件下，冻土的率相关力学行为表现为不同的应力-应变-时间或应变-时间-应变速率的发展关系。在恒定压力的蠕变试验条件下，典型的冻土蠕变应变随时间的发展规律曲线通常包括三个应变速率的不同发展阶段，即 Ⅰ 应变速率减小的衰减接蠕变阶段；Ⅱ 蠕变速率基本保持恒定的匀速率发展阶段；Ⅲ 蠕变速率加速发展的渐进破坏阶段［图 2.1（a）］。在蠕变应变发展过程中，应变速率在恒定阶段达到的最小值称为最小蠕变应变速率（$\dot{\varepsilon}_{\min}$）［图 2.1（b）］。在蠕变应变速率与时间关系曲线上，将蠕变应变速率从最小值开始增大时所对应的时间定义为破坏时间 t_f，这一时间在应变-时间关系曲线上对应的应变则定义为蠕变破坏应变（ε_f）。图 2.1 所描述的仅是某一特定温度和压力条件下冻土蠕变应变和应变速率的一般发展过程。在较低的应力水平条件下，其应变随时间的发展可能仅出现第 Ⅰ 和第 Ⅱ 两个阶段。

在一定的温度和围压条件下对特定冻土试样进行较大应力范围内的蠕变试验，通过数

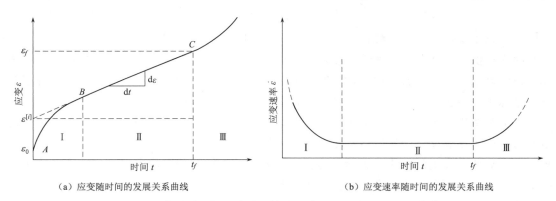

（a）应变随时间的发展关系曲线　　　　　　（b）应变速率随时间的发展关系曲线

图 2.1　典型冻土蠕变应变和应变速率随时间的发展关系曲线

据分析可以得到蠕变条件下完整的应力-应变-时间-应变速率的发展规律。如图 2.2 所示，右下象限中为一系列单轴蠕变条件下相同温度和土样时，不同轴向应力条件下的蠕变时间发展曲线（Ladanyi，1972）。如果将右下角一系列蠕变曲线上各时间与蠕变曲线上所对应的应变和应力投影到右上象限时，可得到一系列不同时间所对应的应力应变曲线。每条曲线表示在相同加载时间内达到一定应变所需要施加的应力。很显然，这些曲线与三轴恒定压缩速率条件下得到的应力-应变曲线所代表的含义是不同的。与之对应的，如果找出图 2.2 右上象限每曲线上对应的最小蠕变应变速率以及轴向压力，则可以在左上象限描绘出最小蠕变应变速率与轴向压力间的关系曲线。这一曲线表征了冻土加载过程中，轴向压力随应变速率非线性增大的复杂非线性关系。如果将左上象限中每个应力点与右下象限对应的破坏时间绘制在左下象限时，

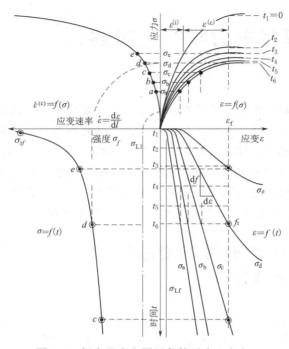

图 2.2　恒定温度和围压条件下冻土应变-
应变速率-应力-时间关系图

则体现出的是蠕变强度随时间发展而持续衰减的发展规律曲线，亦即冻土长期强度与时间的发展曲线。

　　图 2.2 中左上象限的曲线是蠕变条件下恒定应力（σ）与最小应变速率（$\dot{\varepsilon}_{\min}$）的关系曲线。同样，在恒定加载速率条件下，也可以得到峰值轴向应力（$\sigma_{\max}$）或偏应力（$q = \sigma_1 - \sigma_3$）和压缩速率（$\dot{\varepsilon}$）间相同的发展关系（图 2.3）。换句话说，无论采用恒定压力的蠕变试验还是采用恒定应变速率的压缩试验，都可以得到反映冻土应力-应变-时间-应变速率的发展关系曲线。这一点能够通过不同加载速率条件下的加载曲线进行更为明确的说明。将不同压缩缩率条件下冻结粉土的应力-应变曲线［图 2.4（a）］转换至应力-时间坐标轴时，不同压缩速率条件下得到的峰值应力（$\sigma_{\max}$）是随时间持续降低的，与此对应的是应力-应变空间内峰值强度随应变速率的减小而降低的发展过程，其实质也是冻土强度随时间的发展的持续衰减过程。也就是说，通过蠕变和压缩试验得到的冻土应力-应变-时间-应变速率均是冻土率相关力学行为在不同加载条件下的不同表现形式。

　　以上简要描述了冻土率相关力学行为在蠕变和压缩条件下的一般规律。除此之外，冻土的力学行为在温度、围压、含水量及含盐量等因素的影响下，会呈现出更为复杂的变化规律。很显然，冻土的率相关力学行为相较于融土更为复杂，影响因素更多。在已有的研究中，考察冻土力学性质通常是在三轴力学状态下进行的，下文将在详细介绍冻土力学试验仪器的基础上，系统论述各因素对冻土率相关力学行为的影响。

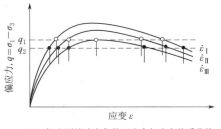

（a）恒定压缩速率条件下应力与应变关系曲线

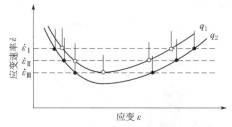

（b）恒定加载压力条件下应变速率与应变关系曲线

图 2.3 恒定压缩速率、恒定加载压力条件下应力与应变速率关系曲线

（Vaid 和 Campanella，1977）

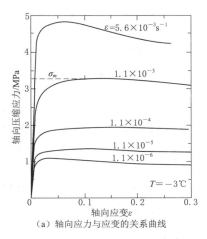

（a）轴向应力与应变的关系曲线

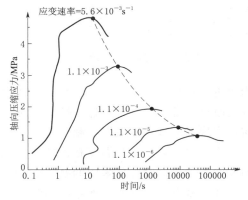

（b）轴向应力与时间的关系曲线

图 2.4 不同加载速率条件下冻结粉土轴向应力与应变、时间的关系曲线

（Zhu 和 Carbee，1984）

2.2 冻土三轴试验仪器及制样方法

2.2.1 冻土三轴试验仪器

　　开展室内冻土三轴力学试验需将冻土试样的温度控制在负温状态下，通过力学加载装置监测不同加载条件下的应力-应变-应变速率-时间发展规律。因而，冻土的三轴试验设备在常规土力学三轴设备加载功能的基础上还需具备精确的温度控制功能。

　　冻土的三轴试验通常是将冻土试样连同加载装置置于低温介质中，通过制冷介质与试样间的热交换来实现负温控制目的。根据制冷介质的不同，现有试验仪器的制冷方式大致可分为冷空气制冷和低温循环液制冷两种方式。如 Gregory 等（2003）是将常规三轴试验仪（图 2.5）放置在低温实验室中（图 2.6）开展三轴试验。低温实验室内的温度是通过放置在实验室内与制冷压缩机组相连的排风扇持续输出冷空气实现温度控制功能。采用低温实验室进行试验制冷的最大优点在于试样温度的波动性能够得到较好的控制，但耗能较大且在温度控制精度较低。Gregory 等（2003）的数据结果显示，试样的实际温度与目标控制温度间的偏差一般在±0.5℃范围内。冻土的力学性质对温度变化的敏感性极高，±0.5℃的温度偏差往往会导致较大的力学性质测试偏差。

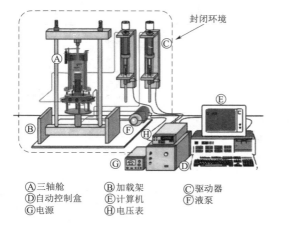

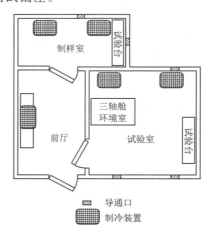

图 2.5　常规三轴试验仪　　　　　图 2.6　低温实验室示意图

　　为了进一步提高冻土试验的温度控制精度，Arenson 等（2004）使用循环低温液体介质的方式改进了常规三轴仪。这一控温方式是将土样直接放置在较小空间范围内的循环液体介质，实现冻土试样的低温控制（图 2.7）。在此基础上将试验设备整体放置于低温实验室内开展冻土力学试验，其温度精度能够控制在目标温度的±0.1℃范围内。这一方法是在低温实验室内对试验土样采用低温循环液的二级控温方式。试验过程中试样的温度波动度和均匀性能够得到很好的保证，但仍然存在低温控制能耗过大的问题，经济性较低，因而冻土三轴仪的制冷装置总体是朝着小型化的方向发展。

（a）试验后　　　　　　　　　　（b）试验过程中

图 2.7　试验后和试验过程中的低温三轴试验仪

　　小型冻土三轴仪的制冷装置是将加载装置连同土样仪器放置于低温环境中，利用冷空气对流或循环冷液热交换作用来对冻土试样进行温度控制。唯一不同的是进行温度控制的环境箱或压力舱其体积远远小于低温试验室，如中国矿业大学（吴昊，2018）和安徽理工大学（朱纪裴，2018）研制的低温单轴压缩仪（图2.8）。这种类型的试验仪器是将能够进行风冷控制的环境恒温箱直接放置于常规土的单轴压缩仪加载架上（图2.8），土样放置于恒温箱内实现对土样温度的整体控制。恒温箱内的温度则是通过箱体内的送风装置强迫冷空气对流进行控制。试样的荷载或位移是通过恒温箱顶端的加载架进行施加，其力学状态是特殊的三轴力学状态，即围压为零，仅考虑轴向荷载对其力学性能的影响。风冷设备的优点在于降温效率高，开展力学试验耗时较少。但受制于高速运行冷空气较大的波动性和不均匀性，试样温度的控制精度降低，一般在±0.5℃左右。

（a）中国矿业大学研制　　　　　　　　　　　（b）安徽理工大学研制

图2.8　中国矿业大学和安徽理工大学研制的低温单轴压缩仪

采用循环冷液的方式在温度控制的波动性和均匀性要明显优于采用风冷方式的控温设备。早期采用循环冷液的试验设备是直接将试样连同压力舱放置于冷液槽中对试样进行负温控制。如图2.9所示（Jessberger，1981），采用循环冷液进行制冷的仪器设备主要是通过与冷液槽相连的冷浴相连，通过压力泵强迫冷浴内的低温循环液与冷液槽中的不冻液进行热交换，从而控制试样处于负温状态。相较于风冷控温方式，采用循环冷液的控温方式能够大幅降低试验温度的波动性。从图2.9（b）中可以看到，土样与冷液槽之间还存在大量压力舱不冻液，冷液槽中的低温传导至土样并达到温度状态需要很长时间。因而，试验开始前等待土样温度达到稳定的时间很长，试验效率较低。

采用循环冷液制冷的设备是将用于热交换的冷液循环管内置于三轴加载装置的压力舱内以进一步提升冻土试验的制冷效率。如图2.10所示，冻土三轴压力舱的基本力学构造与常规三轴试验装置基本一致，包括用于施加轴向荷载的轴向加载杆，安装于轴向加载杆的压力传感器和位移传感器用以监测土样的轴向压力和位移；压力舱内液体与舱外压力泵相连用以施加围压，内置于压力泵腔体的液压传感器和流量计用以监测试样的围压和体积变形。压力舱内温度则是通过与冷浴相连的冷液循环管对压力舱内液体进行热交换降温，压力舱外侧采用绝热材料起到热阻保温作用。这一结构上的改进能够显著提升试样的制冷效率，且温度的波动性也能够得到保证，但低温循环液在压力舱内循环流动、对流换热的过程中仍会产生舱内不同位置处较大的温度差异。压力舱内较大的温度空间分布差异会进一步造成冻土试样力学性质的不均匀性，从而降低力学试验的准确性。为了进一步提升三轴试验中压力舱温度分布均匀性，研究者在现有力学试验设备的基础上提出了多点控温的方案。如 Yao 等（2013）在其研制的多功能环境材料试验机中，采用循环冷冷液的方式实现对土样环境温度、顶端和底端的三点控温（图 2.11）。其中，对压力舱液体环境温度的控制仍然沿用内置冷液循环管的方式进行控制；土样的顶端和底端温度，也是将内置冷液循环槽的加载板与外置冷浴连接，通过冷液循环方式对其进行控制。试验验证表明，采用冷液循环多点控温的方式，温度控制精度优于±0.05℃。路贵林（2015）借鉴多点控温的思路，在采用风冷恒温箱进行环境温度控制的基础上，对冻土三轴试验的上下加载板采用冷液循环的方式进行多点温度控制（图 2.12）。通过试验结果的验证分析表明，即便是在采用风冷控制的试验舱内，试验的温度均匀性仍能够控制在±0.1℃范围内。因而，多点控温的方式在保证冻土力学试验温度的精准度和均匀性方面是有效可行的。

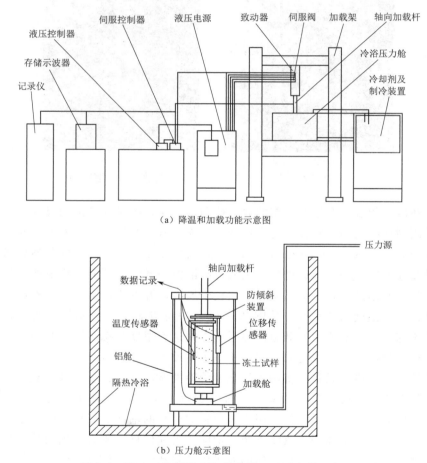

（a）降温和加载功能示意图

（b）压力舱示意图

图 2.9　冻土三轴降温和加载功能以及压力舱示意图

　　以上详细介绍了各类冻土三轴试验设备在温度控制方面的仪器构造特点和精度控制情况。总体上采用冷液循环的控温方式在温度波动性和精度方面优于采用风冷控制的设备，而采用多点控温方式的设备在温度均匀性上优于总体控温的设备。本书后续力学试验均使用基于多点控温方式的多功能环境材料试验机开展相关试验研究工作。

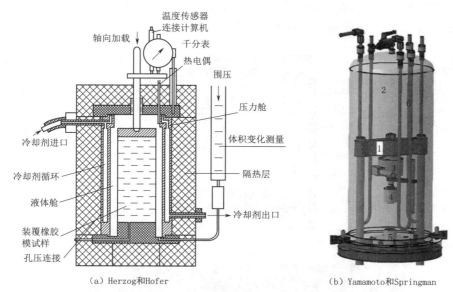

（a）Herzog 和 Hofer

（b）Yamamoto 和 Springman

图 2.10　Herzog 和 Hofer（1981）以及 Yamamoto 和 Springman（2014）的
压力舱内置冷液循环管示意图

1—加载架；2—压力舱；3—压力传感器；4—顶部加载压板；5—底部加载压板；6—U 形铜管

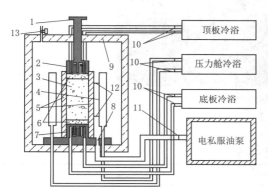

（a）试验机示意图

1—轴向加载系统；2—顶端冷液循环加载板；
3—试样；4—液压油制冷环；5—刚性模；
6—刚性透水石；7—底端冷液循环加载板；
8—液压油入口；9—压力舱；10—冷液循环管；
11—液压油管；12—温度传感器；13—排气阀

（b）试验机实物图

1—计算机；2—台架；3—压力室；4—控制柜；
5—冷浴；6—围压加载装置；
7—储油罐；8—气泵

图 2.11　多功能材料试验机

2.2.2　冻土试样制备方法

本书采用在青藏公路和铁路沿线获取的粉质黏土以及标准砂开展相关的蠕变和压缩试验。其中粉质黏土颗粒级配曲线如图 2.13 所示，其液限与塑限分别为 37.2% 和 19.5%。

标准砂为厦门艾斯欧标准砂有限公司生产的 ISO 标准砂，其颗粒构成及基本物理参数见表 2.1。由于粉质黏土和标准砂粒径差异较大，青藏黏土采用适用于细颗粒土体的冻结试样制备方法，而标准砂则采用砂雨法进行土样制备。

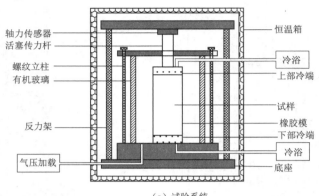

（a）试验系统

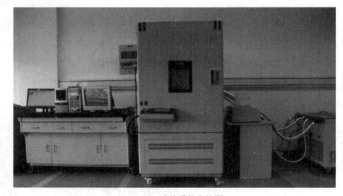

（b）试验系统实物图

图 2.12　高温冻土三轴仪

表 2.1　　　　　　　　　　　　　　　试 验 材 料 基 本 参 数

参数 土的分类	粒径组成/%			干容重/(kN·m⁻³)	
	1～0.5mm	1～2mm	2～3mm	$\gamma_{d,\,max}$	$\gamma_{d,\,min}$
砂土	50	33.33	16.67	18.0	15.9

1. 细颗粒冻结土样制备方法

对于细颗粒的青藏粉质黏土，将干土过筛（筛孔直径为 2mm）后取筛下足够土样放入干燥器以备制样使用。低含水量土样的制备在常温下进行，先将一定质量的干土粉末与所蒸馏水搅拌均匀，并测定湿土料的含水量。之后根据制样罐容积、要求干容重和含水率，计算每个试样所需的湿土质量。将湿土料在制样机上压制成型，制成圆柱形土样。将压制成型的低含水量试样连同压样罐放置在保湿缸内进行抽真空饱水。饱水完成后将放置在刚性压样罐内，试样的两端使用刚性螺栓固定，并放入 −20℃ 制冷柜中快速冻结，确保试样在快速冻结过程中孔隙水的均匀分布。高含水量试样在温度为 −5℃ 的低温实验室中制备。将烘干后的土样和蒸馏水放入−20℃的制冷柜中预冷，并将冻结成块的蒸馏水碾碎并过 5mm 筛（图 2.14）。根据所需配置土样的干容重和含水量，将所需含水量的 80% 的冰末与预冷干土搅拌均匀后再与 20% 所需含水量的冰水混合物混合均匀（图 2.15 和图 2.16）。将搅拌均匀的高含水量土料使用分层压实法放入压样罐中压制成型，并放入−20℃制冷柜中试样处于冻结状态，以备试验使用。从图 2.17 可以看出，采用上述方法制备而成的高含冰量土样具有较好的均匀性，

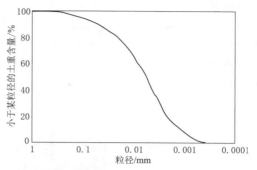

图 2.13　粉质黏土颗粒级配曲线

能够满足冻土力学试验的测试要求。本书研究中采用上述方法制备的为直径和高分别为 61.8mm 和 125mm 的圆柱形试样。

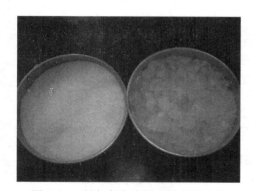

图 2.14　制备高含冰量土样所需冰末

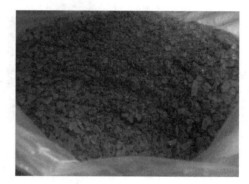

图 2.15　干土与冰末混合物

图 2.16　冰水混合物

图 2.17　高含冰量土样

2. 粗颗粒冻结土样制备方法

标准砂试样则采用砂雨法进行制备。该方法是通过控制漏斗孔与漏斗落高 H 来模拟土体自然沉降过程的制样方法（图 2.18）。砂雨法制样中所用漏斗孔径为 0.5mm，落高 H 为 0.4m。向制样模具内落砂完成后，将试样与模具一同放入饱水缸内，将饱水缸

密封抽真空 3h，然后将饱水缸注满蒸馏水，水位高过试样饱水 6h。将饱水试样连同模具移入制冷冰箱，在 −30℃ 的环境内快速冻结。冻结 48h 后拆除模具。标准砂冻结土样也控制为高 125mm 和直径 61.8mm 的圆柱试样，见图 2.19。将试样脱模并套入橡皮膜，放入目标试验温度环境下，恒温 12h，以备三轴蠕变试验使用。与常规的击实制样法得到的试样对比，使用砂雨法制备的试样其颗粒分布更为均匀，实际制样效果见图 2.19。

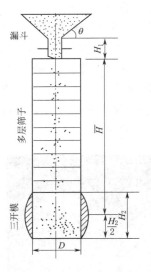

（a）制样实物图　　　　　　　　（b）制样示意图

图 2.18　砂雨法制样装置图

H_1—漏斗嘴高度；$\overline{H}$—多层土样筛总高度；H_2—制样模高度；D—制样模具内径；

θ—漏斗斜面水平倾角

（a）击实法样品　　　（b）砂雨法样品

图 2.19　击实法和砂雨法制样效果比较

为了进一步验证砂雨法制样的均匀性，本书的研究在开展试验前随机抽取了不同制样批次的试样，在冻结状态下将试样按照高度切分成不同的部位，称量后放入烘干箱内测量其含水量。统计不同位置的含水率数据如表 2.2 所示。数据显示，土样的整体含水率为 15.4%～16%，试样顶部和底部的含水率会略高于中部的，但差异不大，可以认为试样内部含水量是均匀的；不同制样批次的饱和含水率差异很小，因为在制样过程中控制每个样品的灌入砂粒质量相同，同时砂雨法能够使颗粒整体分布均匀，抽气后水分能够很好地进入砂土颗粒间的孔隙内，使得砂土样品的水分分布比较均匀。由此可见，对于粗颗粒的冻结砂样，本研究采用的砂雨法制样方法在保证冻结粗颗粒冻土试样的均匀性方面是有效的。

表 2.2			试样不同位置的含水量分布		
分层及其高度/mm	饱和含水率/%				
	样品 1	样品 2	样品 3	样品 4	样品 5
20	16.2	16.3	16.1	16.2	16.1
20	15.6	15.5	15.8	16.1	15.6
20	15.3	15.3	15.6	15.8	15.4
20	15.3	15.2	15.4	15.6	16.1
20	15.5	15.9	15.5	16.0	15.7
20	16.1	16.2	15.9	16.2	16.2
平均值	15.6	15.7	15.7	16.0	15.8

2.3 蠕变规律的影响因素

在外荷载作用下，土颗粒接触点产生应力集中和局部温度增高，从而引起孔隙冰的融化。由于冻土中冰与水的平衡被打破，冰融化产生的未冻水膜向温度较低的部位流动并在那里冻结，从而达到新的平衡。未冻水-孔隙冰间的动态转化最终导致冰与土颗粒的黏塑性流动。这一微观过程的发展，在宏观上则体现为应变随时间持续发展的蠕变变形。

在冰与未冻水膜动态转变的同时，土颗粒与土颗粒团聚体将重新排列组合。土颗粒的重新排列组合导致颗粒间连接的破坏，土颗粒骨架产生破坏产生裂隙，整体上表现为土骨架缺陷的发展。随着破坏的持续发展，在骨架薄弱处产生的裂隙将继续累积，最后在土骨架上形成连通的宏观裂缝。对于发生塑性破坏的冻土体，小的缺陷不影响土体的连续性，仅加快了塑性变形的发展速率。然而，对于发生脆性破坏的土体，微裂缝最终将发展成大的裂缝，进而破坏土体的连续性。当矿物颗粒发生位移，颗粒间的连接发生破坏，土体结构的缺陷与裂隙产生与发展，使冻土结构发生弱化；在土体发生弱化的同时，融化水与冰的重结晶，破坏的连接重新恢复，土体微裂隙逐渐愈合，土体结构得到强化。因此在冻土蠕变的过程中，会产生土体结构的弱化与强化两种作用。如果结构强化作用占主导地位，冻土蠕变将表现为衰减型蠕变，在图 2.1 中对应于应变速率减小和恒定发展的阶段；如果结构弱化作用占主导地位，冻土蠕变变形将产生非衰减型蠕变，最终导致脆性破坏或黏滞性破坏，在图 2.1 中对应于蠕变应变速率持续增大的破坏阶段。

冻土蠕变变形的发展规律主要取决于未冻水-孔隙冰的动态转化过程以及由此产生的土体颗粒骨架的强化和弱化作用。因而，土体的含水量、温度、应力水平及含盐量均会对冻土中的未冻水含量以及微观结构产生影响，从而改变其蠕变发展规律。

2.3.1 含水量对蠕变规律的影响

冻土含水量的改变会对其蠕变规律产生显著影响，包括蠕变类型、最小蠕变应变速率和蠕变破坏应变等。吴紫汪等（1982）针对冻结粉质黏土开展的蠕变结果显示，存在一个起始含水量，在特定轴压条件下当土体含水量超过这一起始含水量时，即使很小的应力作用下冻土也将发生非衰减性蠕变。蠕变起始含水量 ω 与土的塑限含水量 ω_p 间存在良好的线性经验关系：

$$\omega = \omega_p + 35\% \pm 5\% \tag{2.1}$$

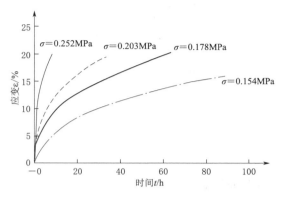

图 2.20　高含冰量冻结黏土蠕变曲线

若冻土的含水量小于蠕变起始含水量且荷载小于极限荷载时，土体蠕变应变的发展遵循衰减规律；当含水量大于起始含水量时，土颗粒将悬浮在冰骨架当中。此时冻土表现出同冰相似的力学特性，在极小的荷载作用下也能出现非衰减蠕变（图 2.20）。

同时，含水量对最小应变速率的影响也极为显著。如图 2.21 所示，陈湘生等（1998）根据最小应变速率的变化规律，将含水量的范围划分为三个区间，每个区间的含水量分别表示为 ω_1、ω_2、ω_3，其划分界限如下：

$$\omega_1 \leqslant \omega_p + 30\% < \omega_2 \leqslant \omega_p + 40\% < \omega_3 \tag{2.2}$$

含水量在 A 区间的最小应变速率随着含水量的增加而增大；当冻土含水量在 B 区时最小应变速率达到最大；在 C 区时，最小应变速率随着含水量的增加持续减小的趋势，最终趋近于冰的蠕变应变速率。这一结论能够通过朱元林和 Carbee（1984）针对冻结粉砂的开展的蠕变试验结果得到很好的印证（图 2.22）。在 −2℃ 条件下含水量范围在 30.9% ～ 32.3.8% 的土样，其蠕变破坏应变基本保持在 0.02 左右；而含水量 49.3% ～ 50.3% 范围内的土样，其蠕变破坏应变则大于 0.1。也就是说随着含水量的增大，最小应变速率相应增大，最终达到的破坏应变也越大。

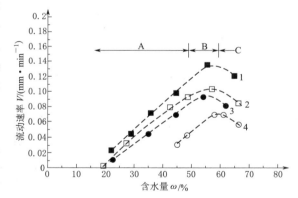

图 2.21　冻土流动速率与含水量的关系

1——0.5℃，1.4MPa；2——1.0℃，2.2MPa；
3——2.0℃，3.4MPa；4——3.0℃，5.3MPa

含水量对最小应变速率的影响还可以反映在最小应变速率与施加应力间的经验参数方面。研究结果显示，单轴蠕变条件下冻土蠕变的最小应变速率与轴向应力间存在良好的幂函数关系（Vyalov，1966）：

$$\dot{\varepsilon}_m = A\sigma^n \tag{2.3}$$

其中，A 和 n 为试验参数。

Bray 等（2013）针对高含冰量土体开展的单轴试验结果表明，不同温度条件下经验参数 A 和 n 均与含水量和体积含冰量的对数间存在良好的线性关系（图 2.23）。

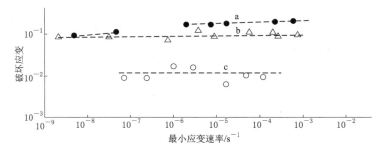

图 2.22 不同含水量下破坏应变与最小应变的关系

a—含水量为 30.9%~32.3%；b—含水量为 40%~44.8%；c—含水量为 49.6%~50.8%

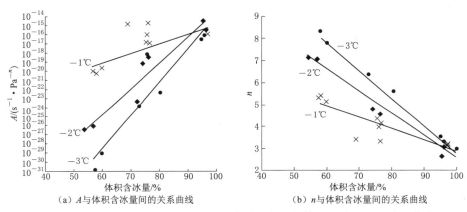

（a）A 与体积含冰量间的关系曲线   （b）n 与体积含冰量间的关系曲线

图 2.23 最小应变速率与应力间经验参数 A、n 与体积含冰量间的关系曲线

2.3.2 加载条件对蠕变规律的影响

冻土的蠕变规律是其率相关力学特性的直接体现，加载条件对冻土的蠕变规律有着显著的影响。加载条件包括不同的应力加载速度、应力水平以及单轴或三轴加载状态等。赵淑萍等（2006）针对冻结粉土考察了动、静两种加载方式对蠕变破坏应变、最小应变速率以及破坏时间的影响规律。如图 2.24 所示，总体上快速加载条件下的破坏应变与破坏时间均低于静载条件下的结果，相应的静荷载条件下的最小应变速率低于动荷载的结果。随着应力水平的增加，破坏应变在两种加载条件下的变化不大，而破坏时间和最小蠕变速率在随着应力水平的增加有显著的变化。盛煜等（1995）在两级加载条件下研究了冻结砂土的破坏应变与最小应变速率间的关系。结果显示，在初始轴向应力为 1.5MPa 和 1.8MPa 条件下获得的两级加载破坏时间在 4%~8% 的范围内波动，且随着最小应变速率的增大并未出现明显的增大或减小的趋势（图 2.25）。朱元林等（1995）开展的低频震动荷载条件下冻结粉土的试验结果显示，随着围压的增大，破坏应变在较小的范围内波动（图 2.26）。对于特定的土体，现有的研究结果均显示，破坏应变受应力水平、加载速率等加载条件的影响较小，但与初始应力的加载速率正相关。

与破坏应变相比，冻土蠕变过程中的最小应变、破坏时间与荷载水平间存在着良好的相关性。Zhu 和 Carbee（1983）在 -0.5~-10℃ 开展了不同单轴应力条件下的费尔班克斯冻结粉土蠕变试验结果（图 2.27），得到了最小应变速率、破坏时间与轴向应力的倒数间的量化统计关系。在图 2.27 中，Zhu 和 Carbee（1983）最小应变速率和破坏时间随应力的发展分为两个阶段，即短期蠕变和长期蠕变。这两个阶段的最小应变速率和破坏时间与应力倒数间的关系基本类似，如式（2.4）～式（2.7）所示。

$$t_m = t_* \exp\left[k_1\left(\frac{1}{\sigma} - \frac{1}{\sigma_*}\right)\right] \tag{2.4}$$

$$t_m = t_c \exp\left[k_1'\left(\frac{1}{\sigma} - \frac{1}{\sigma_c}\right)\right] \tag{2.5}$$

$$\dot{\varepsilon}_m = \dot{\varepsilon}_* \exp\left[k\left(\frac{1}{\sigma} - \frac{1}{\sigma_*}\right)\right] \tag{2.6}$$

$$\dot{\varepsilon}_m = \dot{\varepsilon}_c \exp\left[k'\left(\frac{1}{\sigma} - \frac{1}{\sigma_c}\right)\right] \tag{2.7}$$

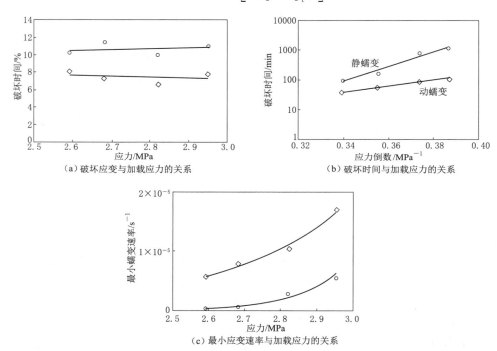

（a）破坏应变与加载应力的关系　　　　（b）破坏时间与加载应力的关系

（c）最小应变速率与加载应力的关系

图 2.24　冻结粉土破坏应变、破坏时间、最小应变速率与加载应力的关系

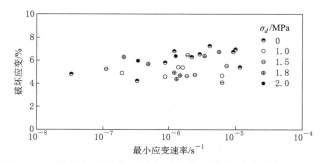

图 2.25　两级加载条件下破坏应变与最小应变速率间的关系

式（2.4）和式（2.6）表示短期蠕变的破坏时间和最小应变速率，式（2.5）和式（2.7）表示长期蠕变的破坏时间和最小应变速率。t_*、$\dot{\varepsilon}_*$ 和 σ_* 分别为短期蠕变条件下蠕变参考时间、应变和应力；t_c、$\dot{\varepsilon}_c$ 和 σ_c 分别为长期蠕变条件下的蠕变参考时间、应变和应力；k_1、k_1'、k 和 k' 分别为温度相关的材料参数。

Nixon 和 Pharr（1984）用 Prudhoe 黏土在恒温条件下进行了单轴蠕变试验。如试验数据图 2.28 所示，试样应变达到 10% 时的应变速率 $\dot{\varepsilon}_{10\%}$ 与所用时间 $t_{10\%}$ 的对数与应力值呈线性关系。图 2.28 的纵坐标是对数，其关系曲线可以表示为

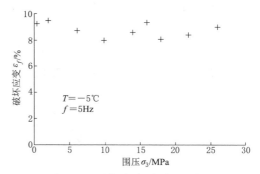

图 2.26　破坏应变随围压的变化

$$\dot{\varepsilon}_{10\%} = A\exp(\alpha \cdot \sigma) \tag{2.8}$$

$$t_{10\%} = B\exp(-\beta \cdot \sigma) \tag{2.9}$$

其中，参数 A、B、α、β 是由温度和盐渍度所决定的常量。式（2.8）和式（2.9）表明，应力以指数的形式影响冻土的蠕变变形。

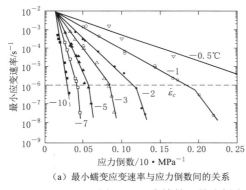

（a）最小蠕变应变速率与应力倒数间的关系

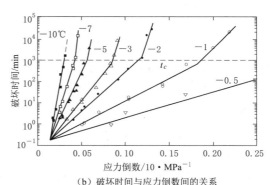

（b）破坏时间与应力倒数间的关系

图 2.27　冻结粉土最小蠕变应变和破坏时间与应力倒数间的关系

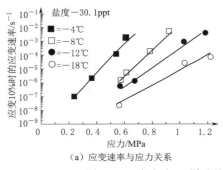

（a）应变速率与应力关系

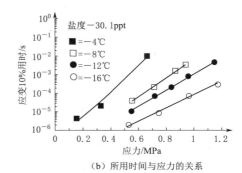

（b）所用时间与应力的关系

图 2.28　应变为 10% 时的应变速率、所用时间与应力的关系

霍明等（2010）分别研究了高含水量冻土与低含水量冻土条件下，得到了冻土的最小应变速率与应力之间的幂函数关系（图 2.29 和图 2.30）。含水量较低（$\omega \leqslant \omega_p + 30\%$

±5%）时，冻土的最小应变速率可表示为

$$\dot{\varepsilon} = \dot{\varepsilon}_0 e^{k(\sigma - \sigma_\infty)}$$ （2.10）

式中：$\dot{\varepsilon}$ 为冻土流变速率；$\dot{\varepsilon}_0 = A|T|^{-\xi}$ 为特征参数表示冻土变形，与土颗粒成分、温度有关，A、ξ 为试验参数；σ_∞ 为冻土的长期强度极限。

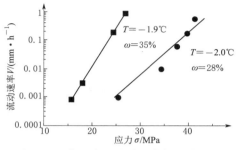

图 2.29　典型冻土流动速率与应力关系

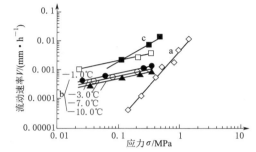

图 2.30　含土冰层流动速率与应力的关系

a—人造冰，$T = -3.0℃$；b—人造冰，$T = -1℃$、$-3℃$、$-7℃$、$-10℃$；c—含土冰层，$T = -1.0℃$

当含水量较高时（$\omega > \omega_p + 30\% \pm 5\%$），最小应变速率表示为

$$\dot{\varepsilon} = a|T|^{-m}\sigma^n$$ （2.11）

式中：m 为小于 1 的试验参数，与含水量有关；n 为与温度、土颗粒级配以及加载形式有关的参数；a 为与荷载以及含土量有关的试验常量。

对已有研究结果的分析表明，冻土蠕变的最小应变速率及破坏时间受加载条件的影响最为显著，而破坏应变对于特定的土，在不同加载条件下可以看作一个常数。

2.3.3　温度对冻土蠕变的影响

对于冻土的蠕变破坏应变，现有的研究结果均显示特定土样的在不同温度条件下，土体的蠕变破坏应变不会发生显著变化，而最小应变速率和蠕变破坏时间会随着温度的改变发生显著变化。如朱元林和 Carbee（1984）、董连成等（2014）的研究结果显示，不同温度条件下同一类型土体其蠕变破坏应变随最小应变速率（图 2.31）和应力水平（图 2.32）的发展均在一个很小的范围内波动，这与加载条件对蠕变破坏应变的影响规律相同。

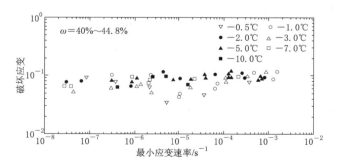

图 2.31　不同温度条件下破坏应变随最小
应变速率的变化

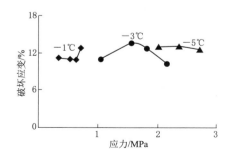

图 2.32　不同温度条件下破坏应变
随应力的变化

温度的改变对冻土蠕变特性的显著影响主要体现在蠕变破坏时间和最小应变速率方面。如图 2.33 所示，董连成等（2014）对兰州黄土开展的蠕变研究结果表明，随着冻土温度的升高，冻土的蠕变破坏时间在显著地降低。这主要与温度升高条件下急剧增大的未冻水对冰、土颗粒间的摩阻力降低以及塑性流动性能增加有关。Bray 等（2013）通过分析单轴蠕变数据表明，最小应变速率与应力水平间的经验关系参数 A 和 n［式（2.3)]均与温度绝对值的对数间存在良好线性关系，其中，A 随温度的降低而减小［图 2.34（a)]，n 随温度的降低而增大［图 2.34（b)]。

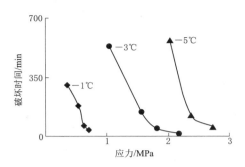

图 2.33 不同温度条件下破坏时间随应力的变化

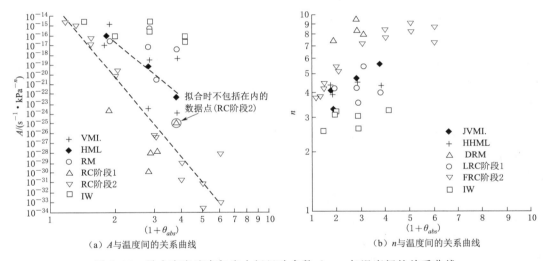

（a）A 与温度间的关系曲线　　（b）n 与温度间的关系曲线

图 2.34 最小应变速率与应力间经验参数 A、n 与温度间的关系曲线

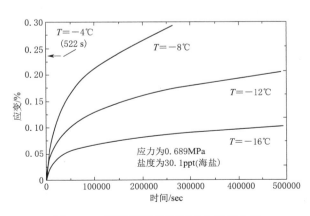

图 2.35 不同温度条件下冻土蠕变曲线

除去冻土蠕变的三个关键指标，冻土蠕变过程中不同阶段的应变、应变速率与时间均能体现温度的显著影响。Nixon 和 Pharr（1984）的研究结果表明，随着温度的升高，相同时间条件下冻土总体的蠕变应变相应增大（图 2.35）。图 2.36（a）与图 2.36（b）分别表示在温度因素的控制条件下，应变达到 10% 时的应变速率与冻土应变达到 10% 的时间。当温度在 −20～0℃ 之间，同样的应力作用

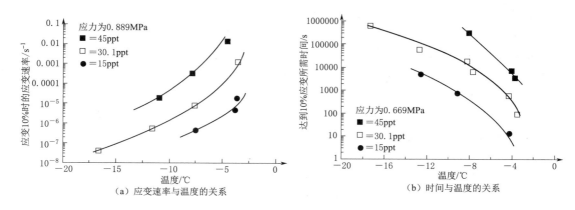

（a）应变速率与温度的关系　　　　　　　（b）时间与温度的关系

图 2.36　应变为 10％时应变速率、时间与温度的关系

下温度对蠕变的影响显著。图 2.36（a）中表明温度上升对应变达到 10％时的应变速率会出现数量级的增加。图 2.36（b）数据显示当温度从 −8℃ 上升到 −4℃，应变达到 10％所用的时间降低了两个数量级。温度对冻土蠕变有较大影响，温度越高，影响越大。通常条件下，温度在较小的范围内变化均会引起蠕变速率和蠕变时间数量级的改变。

2.3.4　盐渍度对冻土蠕变的影响

冻土中盐溶液的含量会对其未冻水的含量产生显著影响，未冻水的改变会直接影响到土体的蠕变特性。Wijeweera 和 Joshi（1993）对不同含盐量细颗粒冻土的单轴试验结果（图 2.37）表明，较小的应力条件下（<1MPa），盐溶液含量从 0 到 20ppt 变化时，细颗粒土体的最小应变速率会增加 1～2 个数量级；而在较大应力条件下时（>1MPa），最小应变速率则会增加 5～6 数量级。也就是说，盐溶液含量的增加对最小应变速率的影响，应力的增加对应变速率的增大有放大作用。Nixon 和 Pharr（1984）针对不同含盐量条件下的冻结 Prudhoe 黏土开展的蠕变结果显示（图 2.38），随着冻土含盐量的增加，冻土蠕变变形达到 10％的蠕变应变速率增大而所需的蠕变时间逐渐减少。同温度一样，盐渍度是通过改变未冻水含量从而影响冻土蠕变的发展规律。

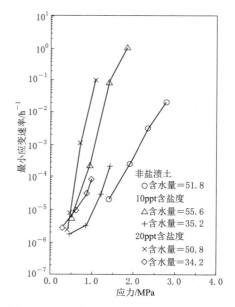

图 2.37　不同含盐量条件下最小应变速率
与应力的关系

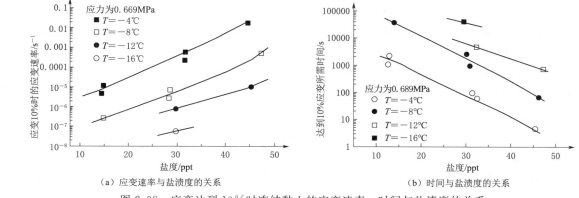

（a）应变速率与盐渍度的关系　　　　　（b）时间与盐渍度的关系

图 2.38　应变达到 10％时冻结黏土的应变速率、时间与盐渍度的关系

2.4　瞬时强度的影响因素

在冻土力学的试验研究中，一般是将恒定压缩速率条件下得到的峰值应力作为瞬时强度来计算土体的短期稳定性。在外荷载的作用下，未冻水和孔隙冰始终处于相互转化的动态平衡状态。土体中的未冻水和孔隙冰含量在压融作用下发生变化，土体微观结构随之改变，最终引起冻土强度的显著变化。Goughnour 和 Andersland（1968）、Alkire 和 Andersland（1973）等通过总结分析大量单轴和三轴试验结果认为冻结砂土的强度是由四个方面的强度构成：①孔隙冰强度；②土体自身强度，包括砂土颗粒间相对位移产生的摩擦；③冰对砂土颗粒的胶结，土体内孔隙减少，土体变得密实；④协同强化作用使砂土颗粒和

冰之间的作用增强，防止土骨架的塌陷。在此基础上，Goughnour 和 Andersland（1968）对冻结渥太华砂土进行了不同砂粒体积分数的单轴压缩试验，应变速率为 $4.4 \times 10^{-4} \mathrm{s}^{-1}$，试验温度为 -7.6℃，给出了砂土单轴压缩强度的机理图，如图 2.39 所示。冻结砂土的强度随着体积含砂量的增加而增大，在不同砂粒体积分数下，冻土强度由不同部分组成：初始阶段，冻结砂土中颗粒物质含量很小，冻土强度基本等于纯冰的强度；随着颗粒物质的增加，砂土颗粒骨架

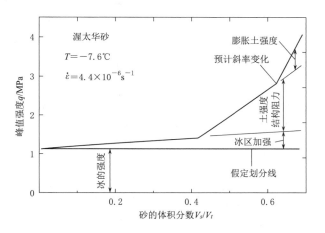

图 2.39　冻结渥太华砂土单轴强度机理图

的强度和结构阻力会使冻土强度增加，最后颗粒相对位移产生的剪胀效应也会增加冻土强度。但是，冰的强度始终在冻土强度中占很大的比重。

马巍和吴紫汪等（1997）利用 CT 技术观测分析了冻结兰州黄土三轴压缩蠕变过程中

的结构变化情况，证实了冻土变形破坏过程中存在冰-土界面的黏结破坏。孙星亮等（2005）对冻结粉质黏土三轴剪切试验的结构损伤分析中发现，冻土破坏中弹性损伤所占的比重很小，主要是结构的黏结的塑性破坏，在破坏过程中主要为颗粒间的相互错动和滑移，黏结结构的破坏等。马巍和吴紫汪等（1997）针对冻结砂土的研究结果表明，冰对砂土颗粒的胶结力是最为重要的。原因在于：砂土在常温状态下是由固体颗粒、水和气体组成的岩土，是颗粒间没有黏聚力的松散材料，但冻结过程中砂土中部分孔隙水冻结成冰，使得固体颗粒间产生黏结作用。而在冻结砂土受力变形过程中，大多是砂土颗粒间的相对位移，粒间分子键结力和结构键结力所贡献的强度很小，其强度在很大程度上取决于砂土颗粒和冰胶结界面的黏结抗拉强度。冰胶结键的强度受到很多因素的影响，如温度、含冰量、未冻水含量、固体颗粒的粒度组成及受力时作用力的方向和加载速率等。宏观上的表现就是冻土的力学行为受到温度、加载速率、含水量（含冰量）等因素的影响。

2.4.1 温度对瞬时强度的影响

当温度降低时，冻土中的未冻水（液态水）会发生冻结，冻土内的含冰量随之增大。同时，作为冻土中颗粒间的胶结物——冰的强度会随着温度降低而增大，胶结效果加强。这两种情况都会提高冻土的黏聚力，表现为冻土强度随着温度的降低而增大。相反，当温度升高，冻土中的冰逐渐融化，对冻土颗粒的胶结作用减弱，同时未融化的孔隙冰受温度升高的影响，其强度也随之降低，冰-土颗粒间的胶结作用在温度升高的情况下大幅度减弱，导致冻土强度减小。

冻土的强度总体上随着温度的降低而持续增大，但现有大量的试验研究均是在不同试验和土质条件下开展的，依据试验数据统计分析得到的冻土强度和温度之间的统计关系也不尽相同，如表2.3所示。总体上冻土强度和温度间主要表现为线性或幂函数关系，这主要取决于冻土试验的所采用的加载速率和土质因素的影响。Tsytovich（1975）对 $-13\sim-1℃$ 的砂土、亚砂土和黏土进行了相同应变速率条件下的单轴压缩试验。单轴强度和温度的关系数据如图2.40所示。结合数据统计分析，Tsytovich得到了温度与单轴压缩强度间的幂函数统计关系：

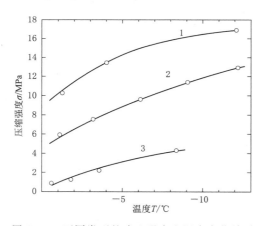

图2.40 不同类型的冻土强度和温度变化关系

1—砂；2—亚砂土；3—黏土

$$\sigma = a + b|T|^m \qquad (2.12)$$

式中：a、b、m 为参数，取决于土的物理性质（含水量、颗粒大小）和材料的性质（粗糙度等）；T 为土的负温。

此后的研究工作得到的温度和强度的关系与式（2.12）在形式上基本相同，但参数 m 的取值随土质的差异而有所不同。苏联科学院伊加尔卡科研站的试验数据显示参数 m 的取值接近于0.5；也有研究者的研究结果表明，在一定的负温范围内，冻土强度和温度的关系是线性的，如 Vyalov 等（1955）对冻结状态下的密实亚砂土的单轴试验结果显示，在温度不低于 $-15℃$ 时，$m \approx 1$，即温度与单轴压缩强度间基本遵循线性关系。吴紫汪和马巍（1994）针对两淮地区的黏性土、粗颗粒砂土和砾石土的单轴压缩试验表明，在温度不低于－30℃条件下，冻土强度随温度的降低而线性增大，即

$$\sigma = a + b|T| \tag{2.13}$$

式中：a、b 为试验参数，与土的种类相关；T 为试验负温。Zhu 和 Carbee 对冻结 Fairbanks 粉土进行了温度为：－10～－0.5℃，应变速率条件为 $1.1\times10^{-6}\sim6.2\times10^{-2}\,\text{s}^{-1}$ 下的单轴压缩试验，将试验结果进行回归分析后，提出用式（2.14）来描述强度和温度的关系：

$$\sigma_m = A(T/T_0)^m \tag{2.14}$$

式中：T 为试验温度；T_0 一般取为 －1℃；A 是试验参数，与应变速率有关；m 为试验参数。

表 2.3　　　　　　　温度与三轴抗压强度间的统计关系（陈敦，2018）

研 究 者	试验土质	温度范围	强度公式	备　　　注
崔托维奇（1936）	冻结砂土	－10.3～－0.5℃	$\sigma = a + b|T|^n$	a，b，n 为试验参数；T 为温度
Sayles（1996）	冻结细砂	－180～0℃	$\sigma_f = \sigma_{c_0} + f(T)$	当 $T < -30℃$ 时，$f(T) = (1 + T/T_0)$
Parameswaran（1981）	冻结细砂	－15～－2℃	$\sigma \propto T^s$	s 取值受土质和加载速率共同影响
Zhu 和 Carbee（1984）	冻结粉土	－10～－0.5℃	$\sigma_m = A(T/T_0)^m$	A 为与应变速率有关的参数 MPa；m 为无量纲参数
吴紫汪和马巍（1994）	冻结黏土砂土	－30～0℃	$\sigma = a + b|T|$	a 和 b 为试验参数；T 为温度，$|T| < 30℃$
尹珍珍等（2012）	冻结黏土	－30～－10℃	$\sigma_c = a\mathrm{e}^{b(T/T_0)}$	a、b 为试验参数

Parameswaran 和 Jones（1981）对粒径范围 0.2～0.6 mm 的冻结饱和渥太华砂土进行了大量的单轴压缩试验，试验温度为 －2℃、－6℃，－10℃ 和 －15℃，应变速率为 $10^{-7}\sim10^{-2}\,\text{s}^{-1}$。将试验温度和冻结砂土强度表示在双对数坐标轴上，结果表明：强度与温度的关系为线性，强度随温度的变化关系可以表示为

$$\sigma \propto T^s \tag{2.15}$$

对于不同土质的土体，压缩强度随温度的变化规律同时取决于不同的温度范围。对于粗颗粒土体，当温度低于－50℃时，随温度的继续降低，其强度增长速率显著减缓。而对于细粒土而言，这一温度阈值更低。Bragg 和 Andersland（1981）研究表明，当温度介于 －110～－10℃ 之间时，冻结砂土的强度大于冻结黏土，而当温度低于－110℃时，冻结黏土的强度大于冻结砂土。同时，试验方法、加载速率和土质类型会显著影响冻土抗拉强度与温度的关系。马芹永（1996）研究了温度对冻结砂土和冻结黏土抗拉强度的影响。结果表明，随温度的降低，冻结黏土和冻结砂土抗拉强度的增长速率显著增加，且冻结黏土的抗拉强度显著高于冻结砂土。彭万巍（1998）研究了温度和加载速率对冻结黄土抗拉性能的影响。结果表明，当加载速率较低时，抗拉强度随温度绝对值的增大线性增长；当加载速率较大时，抗拉强度表现出分段线性的增长规律，且抗拉强度的增长速率随负温绝对值的增大而减小。

总结现有温度对冻土强度影响规律的研究工作可以发现，土体瞬时强度会随着温度的降低而持续增大。但在不同的加载条件、土质等因素的影响下，瞬时强度与温度间的统计关系仍存在较大差异，这主要体现在温度与土体强度间经验参数的差异方面。因而，采用冻结土体强度与温度间的经验关系进行蠕变变形计算或稳定性分析计算时必须充分考虑加载条件、土质等因素的影响。

2.4.2　围压对瞬时强度的影响

　　三轴试验中，围压对土体内裂隙的发展有限制作用。围压越大，限制作用越强。对于冻结砂土，围压限制了变形过程中土颗粒的重新排列，也限制了冻土内孔隙和裂隙的发展，表现为冻土强度随着围压的增大而增大，但当围压值增加到一定程度时，冻土内的冰会发生压融现象，冻土内未冻水含量增加，土颗粒间存在的冰的胶结作用降低，冻土强度也随之降低。也就是说存在一个界限围压，当围压小于界限围压时，冻土强度随围压增大而增大；当围压超过围压界限值时，冻土强度会降低。由于试验土样和试验条件的不同，通过三轴试验通常会得到不同的界限围压值。如 Parameswaran 和 Jones（1981）对冻结饱和渥太华砂，在温度为 $-10℃$，应变速率为 $7.7×10^{-5}\text{s}^{-1}$ 的条件下，进行了三轴试验，围压范围为 $0.1～75\text{MPa}$，试验结果中屈服强度和破坏强度随围压的变化如图 2.41 所示。围压对冻结饱和渥太华砂土的屈服应力和破坏应力的影响趋势相同。破坏应力和屈服应力在初始阶段都随着围压的增大而增大，之后随着围压的增大，破坏应力和屈服应力都出现减小现象。破坏应力出现转折点对应的界限围压值为 40MPa。

　　Chamberlain 等 （1972） 采用了与 Parameswaran 和 Jones （1981） 相同的试验土样

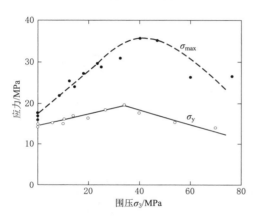

图 2.41　冻结饱和渥太华砂的屈服应力和破坏应力随围压的变化

和试验温度，得到的围压界限值为 62MPa；Parameswaran 和 Jones（1981）和 Chamberlain（1972）得到的界限围压的差异主要是采用了不同应变速率。马巍等（1995 和 1996）以兰州砂土和淮北粉质黏土为研究对象，进行了试验温度为 $-2℃$、$-3.5℃$、$-5℃$ 和 $-7℃$、应变速率为 0.067mm/min 和围压范围为 $0～22\text{MPa}$ 的三轴压缩试验。通过结果分析表明，两种土界限围压的试验结果却有所差异：兰州砂土在温度为 $-2℃$、$-3.5℃$、$-5℃$ 和 $-7℃$，对应的界限围压分别为 4MPa，7.5MPa，8.1MPa 和 10MPa，围压界限值随温度降低而增大；而冻结淮北粉质黏土的界限围压随温度变化不大，基本上为 2MPa。这表明土质对冻土的围压界限值的影响显著，砂土的界限围压值一般大于粉土，且受温度的影响显著。

　　总结现有针对围压土体强度的影响可以发现，尽管众多研究工作所采用的试验条件和试验土样不同，但随着围压的增大，土体的强度发展规律是基本相同的。在特定的试验土样、温度和加载速率条件下，冻土强度随围压的增大其变化规律可以分为三个阶段。

1. 低围压强化阶段

围压较低时，冻土的强度随着围压的增大而增大。冻土内部的孔隙在荷载的作用下逐渐闭合，固体颗粒之间的有效接触面积增大，从而提升了土-冰颗粒间的摩阻力；同时，围压对冻土的约束作用增强，限制了冻土内部裂纹的扩展。

2. 中围压阶段

在这一阶段，围压对冻土强度的影响表现出强化和弱化双重效应。冻土的强度在这一阶段达到峰值，与之对应的围压则为界限围压。当围压小于界限值时，强化效应占主导，宏观上表现为冻土强度随围压的增大而增大，但增长速率相对低，围压阶段较为缓慢；当围压大于临界围压时，冻土强度随围压增大而减小，此时弱化效应占主导。冻土强度的降低主要是由于孔隙冰的压融和压碎及土体粗颗粒的破碎。由于土颗粒形状不规则且表面不光滑，在荷载作用冰-土、土颗粒间产生应力集中，在局部高压作用下冰颗粒被压碎并伴随压融的现象。同时，冰颗粒的破碎降低了土-冰骨架的胶结强度；压融使试样内部的未冻水含量增加，降低了颗粒之间的摩阻力，促进了土颗粒的错断或挤碎，土体微观结构弱化，宏观上表现为强度的降低。

3. 高围压稳定阶段

随着围压的持续增大，冻土的强度降低趋势逐渐减弱，在很小的范围内波动。在高围压阶段，冻土内部的孔隙冰在压融作用下逐渐消失。故在这一阶段，强度随围压的变化规律类似于常规土体的不排水剪切试验，冻土的强度逐渐趋于稳定。对于各类冻土，高围压阶段一般对应的围压值较大，均在100MPa以上，远远超出了大多数冻土工程的应力条件。因而研究者主要在围压较小的低、中围压阶段研究冻土的强度变化规律。

2.4.3 应变速率对瞬时强度的影响

负温状态下冻结土体内部的未冻水以及孔隙冰对土体变形会产生显著的黏滞作用，宏观则体现为土体应力应变关系以及由应力应变关系得到的冻土强度显著的率相关或时间相关特性。通过考虑不同的试验温度、土质以及含水量等试验条件，研究者基于试验数据的统计分析得到了单轴或三轴峰值强度与应变速率间的统计关系。如 Zhu 和 Carbee (1984) 针对 Fairbanks 冻结粉土开展了温度为 $-3℃$、$-5℃$、$-10℃$ 和 $-15℃$ 的单轴压缩试验，应变速率范围 $1.1×10^{-6}∼5.6×10^{-3} s^{-1}$，得到了单轴强度、应变速率和温度间的统计关系：

$$\sigma_m = \frac{\alpha A_0}{\alpha + A_0 \ln(\dot{\varepsilon}_1/\dot{\varepsilon})}(T/T_0)^m \qquad (2.16)$$

式中：$\dot{\varepsilon}_1 = 1.1×10^{-3} s^{-1}$；$A_0 = 1.87MPa$；$\alpha$ 为试验数值，$\alpha = 8.43MPa$；T 为试验温度；T_0 为参考温度，取 $-1℃$。

Parameswaran (1980) 对冻结饱和渥太华砂土进行了温度为 $-2℃$、$-6℃$、$-10℃$ 和 $-15℃$ 的单轴压缩试验，应变速率范围为 $10^{-7}∼6×10^{-3} s^{-1}$。试验结果显示，温度为 $-6℃$、$-10℃$ 和 $-15℃$ 时，在强度和应变速率的单对数坐标内，强度随着应变速率的增大呈线性增大 [图 2.42 (a)]；而在温度为 $-2℃$ 时，强度随应变速率增大的图内出现了转折点，应变速率小于 $10^{-5} s^{-1}$ 时，强度对数随应变速率对数线性增大，而应变速率大于 $10^{-5} s^{-1}$ 时，强度大小随应变速率变化不明显 [图 2.42 (b)]。研究者对于转折点出现的原因做出了解释，－2℃的试样在较大的应变速率（＞$10^{-5}\,\mathrm{s}^{-1}$）下，冻土中的冰在外荷载作用下的压融现象减少，未冻水含量基本保持不变，所以应变速率对强度的影响不明显。

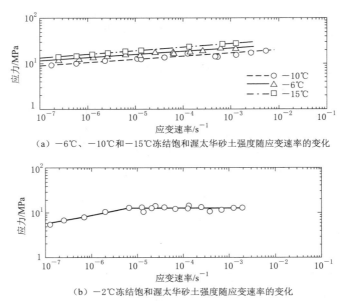

（a）－6℃、－10℃和－15℃冻结饱和渥太华砂土强度随应变速率的变化

（b）－2℃冻结饱和渥太华砂土强度随应变速率的变化

图 2.42　－6℃、－10℃和－15℃、－2℃冻结饱和渥太华砂土强度随应变速率的变化

Bragg 和 Andersland（1981）以冻结 Wedron 砂土为研究对象，进行了大量单轴压缩试验研究。试验温度和应变速率的范围和 Parameswaran 对冻结饱和渥太华砂土试验相同，所得冻结砂土的强度与应变速率的关系如图 2.43 所示。结果显示冻结 Wedron 砂土强度随应变速率变化的曲线中，不同的试验温度内都出现了转折点。转折点对应的应变速率为$10^{-5}\,\mathrm{s}^{-1}$；温度为－2℃条件下，当应变速率小于 $10^{-5}\,\mathrm{s}^{-1}$ 时，强度随应变速率增长的趋势明显大于其他温度条件。试验结果可以用式（2.17）表示：

$$\sigma_{\max}=A(\dot{\varepsilon})^{1/n} \tag{2.17}$$

式中：$\sigma_{\max}$ 为单轴抗压强度；n 为试验参数；A 为与温度相关的试验参数。

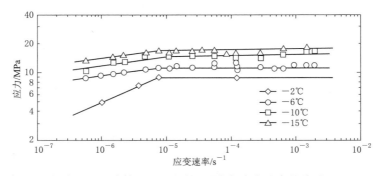

图 2.43　冻结 Wedron 砂土强度与应变速率的关系

我国学者李洪升（1995）等对冻结粉质壤土进行了温度为 －5℃，－10℃和－20℃条件下的单轴压缩试验，将试验得到的冻结粉质壤土的强度和应变速率的关系进行回归分析

后发现：冻结粉土在应变速率小于 $10^{-4}\mathrm{s}^{-1}$ 时，抗压强度随应变速率变化很小，敏感性较差；当应变速率大于 $10^{-3}\mathrm{s}^{-1}$ 时，强度随应变速率增大而快速增大，敏感性最高；当应变速率范围为 $10^{-4}\sim10^{-3}\mathrm{s}^{-1}$ 时，强度随应变速率的变化比较敏感，得出的冻结粉质壤土强度与应变率变化关系为

$$\sigma_m = A(\dot{\varepsilon}/\dot{\varepsilon}_0)^{0.165} \tag{2.18}$$

式中：A 为温度相关参数，在 $-5℃$ 时，$A=12.55$，$-10℃$ 时，$A=16.74$，$-20℃$ 时，$A=32.31$，$\dot{\varepsilon}_0=1.0\mathrm{s}^{-1}$ 为参照应变速率。

研究者采用的应变速率大多在 $10^{-7}\sim10^{-2}\mathrm{s}^{-1}$ 范围内（表2.4）。在这一较小变速率范围内，随着应变率的增大，冻土的强度主要呈现出幂函数增长规律。对于幂函数而言，强度的增长速率逐渐减小，且幂函数参数受土质、温度和含水率共同影响。在较大的应变速率条件下内（$>10^{-2}\mathrm{s}^{-1}$），冻土强度与应变率呈线性关系，且不受温度、含水率、土质以及应力状态的影响。冻土强度与应变率之间的关系为幂函数时，存在界限应变率；当应变率低于临界应变率时，冻土强度增幅较大；当应变率大于临界应变率时，冻土强度增幅较小。

表 2.4　　　　　　应变速率与冻土强度间的统计关系（陈敦，2018）

研究者	试验土质	温度范围	加载速率	强度公式	备注
Sayles 和 Epanchint（1975）	冻结砂土	$-15\sim-5℃$	$1.67\times10^{-4}\sim$ $2\times10^{-2}\mathrm{s}^{-1}$	$\sigma_{max}\propto(\dot{\varepsilon})^m$	m 取值与温度相关
Bragg 和 Andersland（1981）	冻结砂土	$-15\sim-5℃$	$5.67\times10^{-7}\sim$ $1.78\times10^{-3}\mathrm{s}^{-1}$	$\sigma_{max}=A(\dot{\varepsilon})^{1/n}$	适用于应变率小于 $10^{-5}\mathrm{s}^{-1}$
Parameswaran 和 Jones（1981）	冻结粉土	$-11.65\sim$ $-1.45℃$	$7.71\times10^{-5}\sim$ $1.54\times10^{-3}\mathrm{s}^{-1}$	$\dot{\varepsilon}\propto\sigma_{max}^{12.5}$	幂函数形式
Zhu 和 Carbee（1984）	冻结粉土	$-3℃$	$1.1\times10^{-7}\sim$ $5.7\times10^{-2}\mathrm{s}^{-1}$	$\sigma_m=\dfrac{\alpha A_0}{\alpha+A_0\ln\left(\frac{\dot{\varepsilon}_1}{\dot{\varepsilon}}\right)}\left(\dfrac{\theta}{\theta_0}\right)^n$	A_0 和 α 为试验参数
李洪升等（1995）	冻结粉土	$-20\sim-5℃$	$\leqslant10^{-2}\mathrm{s}^{-1}$	$\sigma_m=A\left(\dfrac{\dot{\varepsilon}}{\varepsilon_0}\right)^n$	n 与温度相关
李海鹏等（2004）	冻结黏土	$-15\sim-2℃$	0.0096、0.08、0.9、$6.0\mathrm{mm/min}$	$\sigma_m=(2.677-0.84\rho_d)\cdot$ $(\theta/\theta_0)^{0.979}(\dot{\varepsilon}/\dot{\varepsilon}_0)^{(0.47-0.212\rho_d)}$	考虑不同干密度的影响
尹珍珍等（2012）	冻结黏土	$-30\sim-10℃$	0.2、0.4、0.6、$0.8\mathrm{MPa/s}$	$\sigma_c=A(\dot{\varepsilon}/\dot{\varepsilon}_0)^n$	A 和 n 与温度和含水率相关
杜海民等（2016）	冻结黏土	$-2.0\sim$ $-0.5℃$	$0.3125\sim8.0\mathrm{mm/min}$	$\sigma_f=[a\ln(\dot{\varepsilon}/\dot{\varepsilon}_0)+b]\sigma_0$	a 和 b 与含水量和温度相关

2.5　长期强度的影响因素

如图2.2右下象限所示，对于特定土质和含水量的冻土试样开展不同压力条件下的三轴试验，可以得到一系列蠕变应变—时间发展曲线。将这些曲线上应变速率开始增大的时间点和每条曲线对应的压力数据点绘制在图2.2左下象限中就得到了冻土蠕变过程中其轴

向压缩强度随时间的衰减曲线。图 2.2 左下曲线上接近时间零点处所对应的应力则为冻土的瞬时强度 σ_{fs}，任一时刻 t 所对应的横坐标相当于该时刻冻土强度，即 $\sigma = f(t)$。随着时间的推移，冻土的强度在持续衰减，当时间足够长时 $f(t)$ 的衰减可以忽略不计时，纵坐标即为冻土的长期强度极限 σ_u。冻土的长期强度 $\sigma = f(t)$ 与长期强度极限 σ_u 具有重要的意义。当冻土当前承受的应力 $\sigma < f(t)$ 时，蠕变表现为衰减型蠕变；而当 $\sigma > f(t)$ 时，蠕变将表现为非衰减型。也就是说冻土当前应力和长期强度 $\sigma = f(t)$ 的相对关系决定了冻土的蠕变发展类型。为了描述冻土长期强度随时间的发展规律，Vyalov（1963）根据不同土体的单轴蠕变数据得到了长期强度随时间发展的基本量化关系：

$$\sigma = \frac{\beta}{\ln(t/B)} \qquad (2.19)$$

式中：β 和 B 为温度和土质相关的材料参数。

朱元林和 Carbee（1984）基于不同压力条件下的单轴蠕变压缩试验进一步得到了适用于冻结粉砂的短期和长期强度衰减公式。

在 $t < t_c$ 时

$$\sigma_{ult} = \frac{K_1 \sigma_*}{\sigma_* \ln(t/t_*) + K_1} \qquad (2.20)$$

在 $t \geqslant t_c$ 时

$$\sigma_{ult} = \frac{K_1' \sigma_c}{\sigma_c \ln(t/t_c) + K_1'} \qquad (2.21)$$

式中：σ_{ult} 为冻土长期强度；t_* 和 σ_* 分别为短期蠕变条件下蠕变参考时间和应力；t_c 和 σ_c 分别为长期蠕变条件下的蠕变参考时间和应力；K_1、K_1' 分别为温度相关的材料参数。

马巍等（1994）根据冻结砂土的蠕变数据得到了考虑到冻土围压影响的偏应力强度衰减公式：

$$(\sigma_1 - \sigma_3) = \frac{B}{(t+1)^\xi} \qquad (2.22)$$

式中：σ_1 和 σ_3 分别为轴压和围压；ξ 和 B 分别为温度及围压相关的材料参数。

式（2.19）至式（2.22）中长期强度均与时间的对数或幂函数间呈倒数关系，本质上均是描述了时间发展过程中强度的持续衰减规律。与冻土的其他力学指标相类似，冻土的长期强度的衰减规律以及长期强度均会受到土质、含水量、加载方式以及含盐量的影响。

2.5.1　含水量对冻土长期强度的影响

吴紫汪和马巍（1994）通过对青藏高原风火山亚黏土与兰州黄土的研究发现，在一定的含水量范围内（$\omega \leqslant \omega_p + 30\% \pm 5\%$），冻土长期极限随着其含水量的增加出现减小的趋势，见图 2.44，可以表示为

$$\sigma_u = \frac{\beta}{\ln(\omega)} \qquad (2.23)$$

式中：σ_u 为长期强度极限；ω 为含水量；β 为与温度土质有关的试验参数。

同时通过图 2.44 可以发现，温度较高时（-0.5°C、-0.1°C）含水量对冻土长期强度极限的影响较小；温度较低时含水量对冻土长期强度的影响明显。因此可以得出如下结

论：在一定的含水量范围内，冻土长期强度极限随着含水量的增加而降低，温度越低影响越显著。

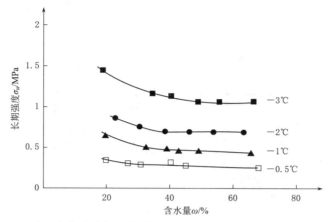

图 2.44　冻土长期强度极限与冻土含水量的关系（亚黏土 $\omega_p = 17\%$）

2.5.2　温度对冻土长期强度的影响

当土体的温度降低发生冻结时，冻土中未冻水的含量将减小，冰的胶结作用增强。同时温度降低导致冻土产生结构压密，冻土的强度得到提升。在恒载作用下黏滞性降低，蠕变变形减小。相应的冻土长期强度衰减规律也随之改变。朱元林（1988）针对冻结兰州粉砂开展的单轴蠕变试验结果显示，在相同围压下，温度越低，冻土的长期强度越大，如图 2.45 所示。同时，冻土的长期强度随着时间的衰减趋势也会受到温度的显著影响。在初始阶段（0～5h），长期强度降低较快，约占初始值的 40%，温度越高，这一衰减速度越快，同时冻土的长期强度初始值越小。因而，温度不仅影响冻土长期强度的初始状值，也会进一步影响到长期强度的衰减过程。

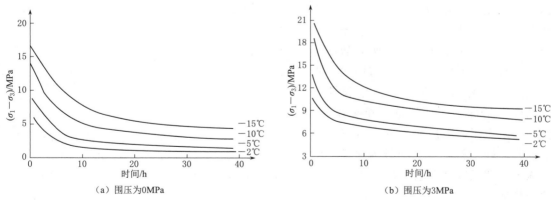

图 2.45　不同温度下蠕变强度随时间的变化曲线

2.5.3　加载方式对冻土长期强度的影响

通过图 2.45 也可以发现，在一定的温度条件下，围压越大，冻土的长期强度的初始

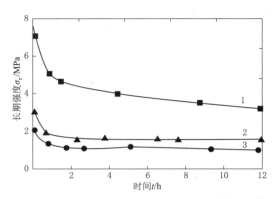

图 2.46　不同试验方式下，冻结克洛维
粉土（$T = -10℃$）的长期强度曲线
1—单轴压缩；2—拉伸；3—纯剪

值以及极限越大。$-2℃$条件下，围压 $\sigma_3 =$ 0MPa 时，冻结粉砂的偏应力强度初始值约为 6MPa，长期强度极限约为 1.5MPa；围压 $\sigma_3 = 3$MPa 时，偏应力强度初始值约为 10.6MPa，长期强度极限约为 6MPa。由此可见围压对长期强度的影响极为显著。Vy-alov（1986）汇总了 $-10℃$ 温度条件下冻结粉土在不同加载方式下长期强度曲线，如图 2.46 所示。这些不同加载条件下得到的长期强度曲线随时间的发展趋势基本相同，单轴压缩的方法获得的冻土长期强度最大，拉伸试验次之，纯剪试验最小。虽然拉伸试验获得的长期强度值略高于纯剪

长期强度值，但两者的区别不太显著。无论对于瞬时强度还是对于长期强度，单轴压缩法获得的值都远大于拉伸与剪切获得的值。这种现象是冻土压缩的过程中冰-土颗粒间的黏聚力增加所导致的，同时压缩条件下内摩擦力的存在导致了冻土性质在压缩与拉升条件下的较大差异。因此，冻土长期强度的获取方法不同，将导致长期强度值出现偏差；同时在不同的受力环境下，所求得的冻土的长期强度也存在差异，需经过归一化才能使用。

2.5.4　盐渍度对冻土长期强度的影响

罗曼（2016）研究发现，易溶盐对冻土长期强度的影响不取决于盐渍度，而取决于孔隙溶液的浓度。当盐渍度相同时，孔隙溶液的浓度将随着含水量的增加而减少，盐渍度对冻土抵抗荷载的影响随含水量的增加而下降。在天然条件下，土体含水量往往会接近饱和含水量，而饱和含水量按砂土、亚砂土、亚黏土、黏土、泥炭的顺序依次增加，所以盐渍土对冻土长期强度的影响顺序与饱和含水量相反，如图 2.47 所示，其中长期当量黏聚力是冻土长期强度的重要指标。试验结果表明，当盐渍度在 $0\sim0.5\%$ 范围内时，砂土黏聚力下降最为显著，随后冻土长期强度随着盐渍度的增长下降的趋势变缓。

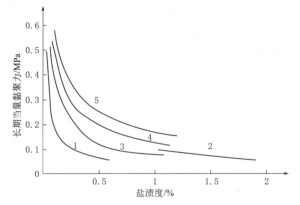

图 2.47　长期当量黏聚力与盐渍度的关系曲线
1—砂土，$T = -3.0℃$；2—淤泥，$T = -3.0℃$；
3—亚黏土，$T = -3.0℃$；4—亚黏土，$T = -4.0℃$；
5—亚黏土，$T = -5.0℃$

2.6　冻土强度准则

2.4 节系统介绍了冻土在单轴或三轴状态下，含水量、温度、应变速率以及围压等因

素对其强度的影响规律。在复杂应力状态下描述冻土的率相关力学行为需要基于这些基本的试验规律来对其强度进行合理的量化反应。现有的冻土强度准则大多是基于融土的强度准则，通过考虑温度、含水量、围压以及应变速率或时间等因素的影响建立起来的。这些针对冻土建立的强度准则大致可以分为时间无关和时间相关两大类。下面将从这两个方面对已有的冻土的强度准则进行详细梳理。

2.6.1 时间无关强度准则

冻土时间无关的强度准则是基于恒定压缩速率条件下的试验建立起来的强度与围压以及强度指标间的量化关系。根据工程中应力状态，研究者分别提出了线性和非线性两类强度准则来量化描述复杂应力空间中冻土的强度状态。

1. 线性强度准则

冻土的强度在复杂应力空间里总体呈现出随围压的增大先增大后减小的趋势。现有针对冻土所建立的线性强度准则主要是针对较低的围压条件，其强度随围压线性增长的情况所提出的。如 Bragg 和 Andersland（1981）在 $-10℃$ 条件下对渥太华砂土开展了不同围压条件下的三轴剪切试验，结果显示在 $0\sim40MPa$ 范围内，该试验土体的强度包络线为直线，通过拟合得到了偏应力与平均主应力间的量化关系，如表 2.5 所示。这一量化关系其基本形式与莫尔-库仑准则基本一致。陈敦（2018）通过总结多个矿区人工冻土的三轴试验资料得到了考虑温度的剪切强度公式（表 2.5）。当温度在 $-25\sim-5℃$ 之间，围压小于 $4.0MPa$ 的情况下，陈湘生（1992）所提出的理论公式主要反映了温度变化对黏聚力的影响，而内摩擦角的变化则相对较小。现有针对冻土所提出的线性强度准则，其基本形式均与莫尔-库仑准则类似，通过黏聚力和内摩擦两个强度参数来反映温度和含水量等因素的影响。

表 2.5　　　　　　　　　　冻 土 线 性 强 度 准 则

研　究　者	冻土强度准则	优　缺　点	所用仪器
Bragg 和 Andersland（1981）	$\frac{1}{2}(\sigma_1-\sigma_3)=a+\frac{1}{2}(\sigma_1+\sigma_3)\tan\alpha$ $\sin\varphi=\tan\alpha;\ a=c\cos\varphi$	不能反映温度对强度的影响	三轴试验机
陈湘生（1992）	$\tau=c(T)+\sigma\tan\varphi;\ c=k_0+kT$	不能考虑围压的影响	低温高压三轴剪切试验仪
Alkire 和 Andersland（1973）	$\tau_{ff}=c+\sigma_{ff}\tan\varphi$	不能反映高围压下冻土的强度特性	三轴试验机

2. 非线性强度准则

随着围压的增大，冻土的强度表现出显著的非线性特征，线性的莫尔-库仑准则无法准确描述这种复杂的变化规律。冻土的非线性强度准则仍然是基于传统土力学中的强度准则，对其进行一定形式的改进，通过考虑温度、含水量等因素来描述围压增大对强度的非线性影响。如 Fish（1991）和马巍等（1993）在 Drucker - Prager 准则的基础上提出了适用于冻土的抛物线型强度准则（表 2.6）。该强度准则是将主应力空间中冻土的强度包络线看作一条开口向下的抛物线，通过温度、含水量等因素相关的黏聚力、内摩擦系数及平均正应力等参数确定强度包络线的位置、形状以及出现强度峰值的应力点。Qi 等（2007）将 Duncan 有关融土内摩擦角的关系式应用于冻结砂土中，提出了适用于冻结砂土的快剪强度准则（表 2.6）。该强度准则同时考虑了温度和围压变化对冻土黏聚力和内摩擦角的非线性影响，其实质是莫尔-库仑准则的增量表现形式。快剪强度准则突破了强度包络线在主应力空间中是一个对称非线性曲线这一隐含假设，其适用范围更大。冻土非线性强度准则其量化描述的准确性主要在于能否合理捕捉强度在不同应力范围内的增长和下降规律。对于不同类型的土体，其强度随围压变化的趋势大致相同，但受含水量、温度和土质等因素的影响，强度包络线在主应力空间中形状不尽相同。此后在冻土非线性强度准则方面开展的研究工作大多也是针对不同土类强度包络线的具体形式，提出相应的强度准则数学表达形式。如赖远明等（2009）研究了 $-6℃$ 温度条件下围压在 $0 \sim 18.0\text{MPa}$ 范围内的冻结砂土强度特性，利用隐函数求导得到剪切强度的表达式，建立了大主应力与围压之间的非线性的莫尔-库仑准则。徐湘田（2012）通过一系列相同压缩速率条件下的三轴试验结果，提出一种修正抛物线形式的强度准则。

表 2.6　　　　　　　　　　　　　　冻土非线性强度准则

研 究 者	冻 土 强 度 准 则	优 缺 点
沈忠言和吴紫汪（1999）	$\tau = C_0 + \sigma \tan\varphi_0 \left(1 - \dfrac{\sigma}{2\sigma_m}\right)$	考虑围压的影响
马巍等（1994）	$q = c + bp - \dfrac{b}{2p_m}p^2$；$b = \tan\varphi$	不能反映高温条件的影响
赖远明等（2009）	$q = \left[-0.004(p/p_a)^2 + 1.1579/p_a + 33.451\right]p_a$ $f = \left(\dfrac{p + \beta'h - rP_0h}{\alpha}\right)^2 + \left(\dfrac{q}{BP_0}\right)^2 - P_0^2h^2 = 0$	能表示冻土和未冻土的广义屈服面
陈湘生等（1998）	$q = \dfrac{6\cosh}{3 - \sinh}C + \dfrac{6\sinh}{3 - \sinh}p$； $\begin{cases} p = p'(p \leqslant k^2) \\ p' = 1 - \dfrac{kp^{\frac{1}{2}} + p}{2p_p}(p \geqslant k^2) \end{cases}$	分段函数式冻土强度准则
朱志武等（2006）	$f = 2\sqrt{2}m_s(1-k)(P+a)^3\left[1 - \dfrac{P+a}{P_s+a}\right] -$ $2kQ^3 + (3k-1)\sqrt{2}(P+a)Q^2 +$ $\left[(3k-1)\sqrt{2}(P+a) + 6kQ\right]R^2 = 0$ $P = \dfrac{1}{\sqrt{3}}(\sigma_1 + \sigma_2 + \sigma_3)$； $Q = \dfrac{1}{\sqrt{6}}(2\sigma_1 - \sigma_2 - \sigma_3)$；$R = \dfrac{1}{\sqrt{2}}(\sigma_2 - \sigma_3)$	修正 Matsuoka-Nakai 强度准则
Qi 和 Ma（2007）	$q = c_0 + \Delta c \lg\left(\dfrac{p}{p_{cr}}\right) + p\tan\left[\varphi_0 + \Delta\varphi \lg\left(\dfrac{p}{p_{cr}}\right)\right]$	考虑了围压和温度的影响
徐湘田等（2012）	$\dfrac{q - q_u}{p_a} = a\left[\text{e}^{-b\left(\frac{p}{p_e}\right)} - \text{e}^{-c\left(\frac{p}{p_e}\right)}\right]$	$p - q$ 平面的非线性强度准则

以上主要介绍了基于瞬时强度提出的线性和非线性冻土强度准则。这些强度理论主要适用于描述较短加载时间内冻土强度随围压的线性和非线性变化规律。对于实际工程中承受长期荷载影响的情况，冻土的强度是在持续降低和衰减的。很显然，冻土的强度包络线

形状不仅受到围压的影响，同时还需考虑时间效应对强度包络线的影响。

2.6.2 时间相关强度准则

认识到冻土强度包络线位置在主应力空间中随时间的发展效应，马巍等（1994）开展了一系列冻结砂土在不同围压条件下的蠕变试验，通过整理试验结果表明，不同时间冻结砂土的强度包络线在剪应力和平均法向应力空间内是一系列开口向下的抛物线（图2.48），这一结果与 Vyalov 等（1963）和 Fish（1991）的研究结论一致。从图2.49可以看出，不同时刻冻结土体的强度包络线几何相似，随着时间的增大，强度包络线与剪应力的截距在持续降低。这表明，蠕变条件下冻土的黏聚力是在持续衰减，而强度包络线的形状不发生改变。基于这一基本试验规律，马巍等（1994）在 Fish（1991）和马巍等（1993）在时间无关的抛物线型强度准则基础上提出了时间相关的抛物线型强度准则：

$$\tau = C(T, t) + b\sigma - \frac{b}{2\sigma_m}\sigma^2 \tag{2.24}$$

式中：C 为温度和时间相关的黏聚力；$b = \mathrm{tg}\varphi$，φ 为平均法向应力为 0 处的内摩擦角；σ_m 为剪应力强度达到最大值时所对应的平均法向应力。

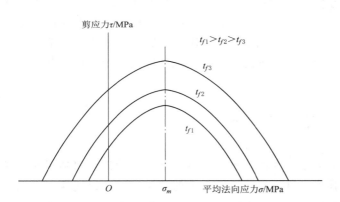

图 2.48 不同时刻冻结砂土强度包络线示意图

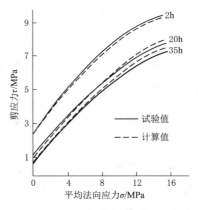

图 2.49 不同时刻冻结砂土强度包络线计算值与理论值的比较

通过对比式（2.24）的计算结果与试验结果表明，引入冻土黏聚力与时间的量化衰减关系后，冻土强度包络线位置在主应力空间中随时间的发展效应能够得到较好的预测。与式（2.19）～式（2.22）相比，式（2.24）表征的时间相关强度准则能够完整描述较大应力范围内冻土强度随时间变化对其率相关力学行为的影响，而式（2.19）～式（2.22）所给出的仅仅是某个单一应力状态下土体轴向压缩强度随时间的发展规律。

在更为复杂的冻土强度包络线形状的条件下，申明德等（2022）以一种粉质黏土为试验对象，开展了 0.5～16MPa 围压、−6℃下进行了一系列应力松弛试验，得到了不同时刻偏应力和平均主应力空间中的冻结粉质黏土强度包络线（图2.50）。从图2.50可以发现，不同时刻冻结粉质黏土的强度包络线也是一系列开口向下、几何相似的曲线。随时间的发展，强度包络线位置在持续降低，这一试验现象与 Fish（1991）和马巍等（1994）观察到的结果相同，唯一不同的是，在更大的围压范围内，不同时刻强度包络线随围压的增大其降低趋势在逐渐减缓并趋于某一定值。针对这一特点，申明德等（2022）结合数据拟合分析得到了相应的时间相关的强度准则，如式（2.25）所示：

$$q(t) = \frac{q_m(t)^3}{a_1 b(t)[p - p_m(t)]^2 + q_m(t)^2} + \frac{q_{cr}[p - p_m(t)]}{p + 11} \tag{2.25}$$

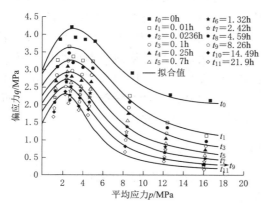

图 2.50 不同时刻偏应力-平均应力空间
强度包络线

式中：a_1 为试验参数；$b = \mathrm{tg}\varphi'$，φ' 为等效内摩擦角；q_m 和 p_m 分别为时间相关的包络线峰值及其对应的平均应力；q_{cr} 为临界偏应力。

与时间相关的抛物线型强度准则相比，式（2.25）的函数形式更为复杂，这主要源于复杂的强度包络线形状。但两种强度准则所反映的本质均是冻土强度在复杂应力空间中随时间的降低规律。

本节介绍的冻土时间相关强度准则基本理论框架与基于瞬时强度的冻土强度准则一致，主要区别在于在瞬时强度准则中引入了时间相关的参数，因而能够更为全面地描述时间和围压对冻土强度的非线性影响。在冻土的率相关本构模型中，显然需要引入更为合理的时间相关强度准则来准确描述其率相关力学行为。

2.7 本 章 小 结

本章在简要描述冻土基本率相关力学行为的基础上，对冻土的三轴试验仪器研制、蠕变特性、强度特性、长期强度以及强度准则进行了详细系统的总结分析，以期从各方面为读者展现冻土率相关力学行为的研究成果。第3章将对三种具有代表性的率相关本构模型进行对比分析，论述各理论模型在描述冻土率相关力学行为的优缺点，明确其工程适用条件，为冻土工程的安全稳定性评价提供理论依据。

第3章　经典率相关本构理论的比较

　　1.3 节对冻土的本构模型的研究工作进行了详细论述，其中亚塑性本构模型及黏弹塑性本构模型均是在宏观现象学基础上提出的。这两类本构模型的参数能够通过常规的室内三轴试验进行获取，相较于微观机理分析层面的理论模型更易于应用于工程计算。然而，在现有工程计算中由于缺乏统一的冻土模型适用性评价工作，工程技术人员在选取具体本构模型时往往显得茫然。出于这样的考虑，本章在已有经典的现象学本构模型中选取三种具有代表性的本构模型，对其适用性及预测精度进行横向比较，包括基于融土亚塑性本构模型提出的冻土亚塑性本构模型、冻土元件本构模型及融土中已广为使用的软土蠕变模型。亚塑性本构模型不考虑经典弹塑性理论的塑性势、塑性流动准则、硬化准则、屈服面等概念，直接给出应力速率与应变速率的关系。相对于黏弹塑性本构模型，亚塑性本构方程一般形式较为简洁，更易于数值积分运算。冻土元件本构模型属于黏弹塑性本构模型的范畴，具有物理意义明确、形式简单的优势，研究者结合冻土的屈服准则、硬化准则、塑性势、长期强度，提出了不同的冻土蠕变本构模型。在等速线理论以及修正剑桥模型的基础上，研究者们发展出了软土蠕变模型（Kutter 和 Sathialingam，1992；Den Haan，1996；Vermeer 和 Neher，1999）。这类模型描述的基本试验规律是，当变形进入蠕变阶段后，土体的体积应变与时间对数呈线性关系。已有的冻土蠕变实验数据表明（马巍等，1993；吴紫汪和马巍，1994），冻土蠕变的发展也遵从相应的准则。而且，软土蠕变模型的参数均可以通过常规的 K_0 压缩和三轴剪切试验获得，因而此类模型也易于工程应用。本节将基于一系列冻土单轴蠕变试验数据，对比力学元件蠕变模型、软土蠕变模型和亚塑性本构模型的预测精度，根据分析结果得到各模型的适用条件。

3.1　亚塑性本构模型

　　以 Wu 和 Kolymbas（1990）的亚塑性本构模型为理论框架，Xu（2014）提出了冻土的亚塑性蠕变本构模型。根据表现定律，直接给出加载速率与应变速率的关系：

$$\dot{\sigma}_{ij} = c_1 \left[\mathrm{tr}(\sigma_{ij} - s)\varepsilon_{ij} + c_2 \frac{\mathrm{tr}[(\sigma_{ij} - s)\varepsilon_{ij}]}{\mathrm{tr}(\sigma_{ij} - s)} (\sigma_{ij} - s) + f(\varepsilon_{ij}) \left[c_3 (\sigma_{ij} - s)^2 + c_4 (\sigma_{ij} - s)_d^2 \right] \right.$$

$$(3.1)$$

式中：σ_{ij} 和 ε_{ij} 分别为应力应变张量；c_i（$i=1$、2、3、4）是由材料决定的参数，参数的确定方法请参考文献（Wu 和 Kolymbas，1990）；tr 为第一张量不变量；s 为冻土黏聚力的标量；$(\sigma_{ij} - s)_d$ 为偏应力张量，表示为

$$(\sigma_{ij} - s)_d = (\sigma_{ij} - s) - \frac{1}{3}[\mathrm{tr}(\sigma_{ij} - s)]\delta_{ij}$$

$$(3.2)$$

式中：δ_{ij} 为克氏记号。

在式（3.1）中，$f(\varepsilon_{ij})$ 是表示应变路径相关的标量函数，可以表示为以下形式：

$$\log[f(\varepsilon_{ij})]=c_5[\log(l)+c_6]+\frac{c_7}{\log(l)+c_6}+c_8 \tag{3.3}$$

式中：c_i（$i=5$、6、7、8）由一定温度条件下的应力决定，可以通过拟合蠕变速率与变形曲线来获取；l 为应变累计量；式（3.3）右边第一部分表示蠕变的初始蠕变阶段，右边的第二部分表示蠕变的第三阶段。

3.2　元件蠕变本构模型

由于元件模型物理意义明确，方便数值实现，研究者采用元件模型来描述冻土的蠕变行为。结合冻土抛物线型屈服准则，Wang 等（2014）提出了适用于冻土的元件蠕变模型：

$$\begin{cases} \varepsilon_{ij}=\dfrac{\sigma_{ij}}{2G_M}+\dfrac{\sigma_{ij}}{2H_M}t+\dfrac{\sigma_{ij}}{2G_K}\left[1-\exp\left(-\dfrac{G_K}{H_K}\right)\right], & \phi(F)\leqslant 0 \\[3mm] \varepsilon_{ij}=\dfrac{\sigma_{ij}}{2G_M}+\dfrac{\sigma_{ij}}{2H_M}t+\dfrac{\sigma_{ij}}{2G_K}\left[1-\exp\left(-\dfrac{G_K}{H_K}t\right)\right]+\dfrac{1}{2H_N}\phi(F)\dfrac{\partial Q}{\partial\{\sigma\}}t, & \phi(F)>0 \end{cases}$$

$$\tag{3.4}$$

式中：t 为时间；G_M 和 G_K 分别为麦克斯韦体与开尔文体的弹性剪切模量；H_M、H_K 与 H_N 分别为麦克斯韦体、开尔文体与宾汉姆体的参数；Q 为黏塑性函数。$\phi(F)$ 为表征蠕变阶段变形大小的尺度函数，可以写为以下形式：

$$\phi(F)=\frac{F}{F_0} \tag{3.5}$$

式中：F_0 为参考变量，对冻土取值为 1。已有研究证明，抛物线型屈服准则适用于不同应力水平下冻土的剪切屈服（Orth，1986；马巍等，1994），函数 F 的定义式如下：

$$F=\sqrt{3J_2}-s-\sigma_m\tan\varphi+\frac{\tan\varphi}{2p_m}\sigma_m^2 \tag{3.6}$$

式中：s 为黏聚力；φ 为内摩擦角；p_m 为相对于最大剪切应力 q_m 的平均正应力；σ_m 与 J_2 分别为第一主应力不变量与第二偏应力不变量。为了结构简单，模型采用了相关流动准则，假设黏塑性势能函数 $Q(\sigma_\theta)$ 与屈服函数 $F(\sigma_\theta)$ 相同。

模型中的流变参数：G_K、G_M、H_K、H_M 和 H_N 可以运用最小二乘法拟合曲线得到；参数 s、φ 以及 p_m 可以通过冻土材料的剪切试验获得。

3.3　软土蠕变本构模型

软土蠕变模型是在修正剑桥模型和一维等速线蠕变模型的基础上发展而来（Kutter 和 Sathialingam，1992；Den Haan，1996；Vermeer 和 Neher，1999）。在该理论中，一维状态下的蠕变应变为

$$\dot{\varepsilon}_c=\frac{c}{\tau_1}\left(\frac{\sigma}{\sigma_c}\right)^{(b-a)/c} \tag{3.7}$$

$$\sigma_c = \sigma_p e^{\varepsilon_c/(b-a)} \tag{3.8}$$

式（3.7）和式（3.8）中，a 和 b 分别为回弹与压缩系数，可以通过 K_0 加载试验得到，即 a 为 $\varepsilon - \log\sigma$ 曲线上弹性阶段的斜率，b 为进入塑性阶段的斜率；σ_p 为初始前期固结压力，代表了土体的受力历史，即前期所受到的最大应力，对于冻土可理解为土体的塑性屈服应力（Sayles, 1973），σ_p 也就是 $\varepsilon - \log\sigma$ 曲线上弹性和塑性两个加载阶段交点处所对应的应力；τ_1 为参考内变量时间，在时间步长相等的 K_0 加载试验中为某一级压力的加载时间；c 为蠕变速率参数，即某一级压力条件下，蠕变进入常速率阶段后蠕变应变对应于时间对数的斜率。式（3.8）表明，随着蠕变的发展前期固结压力 σ_c 逐渐增大，这个过程又被称为"老化现象"。

为了将一维模型推广到三维条件下，式（3.7）和式（3.8）可以进一步表示为如下形式：

$$\dot{\varepsilon}_{cv} = \frac{c}{\tau_1}\left(\frac{p_{eq}}{p_c}\right)^{(b-a)/c} \tag{3.9}$$

$$p_c = p_0 e^{\varepsilon_{cv}/(b-a)} \tag{3.10}$$

式中：$\alpha = 3a(1-\nu)/(1+\nu)$，其中 ν 为泊松比；ε_{cv} 为体积蠕变应变；p_0 为各项等压条件下的初始前期固结压力；等效应力 p_{eq} 的值是椭圆屈服面与等向应力 p 轴的交点。p_{eq} 的值由剑桥模型中的椭圆屈服面确定：

$$\begin{cases} p_{eq} = p + \dfrac{q^2}{M^2 p} \\ p = \dfrac{1}{3}(\sigma_{11} + \sigma_{22} + \sigma_{33}) \\ q = \dfrac{1}{\sqrt{2}}\sqrt{(\sigma_{11}-\sigma_{22})^2 + (\sigma_{11}-\sigma_{33})^2 + (\sigma_{22}-\sigma_{33})^2} \end{cases} \tag{3.11}$$

式中：p 和 q 分别为等向应力与偏应力；M 为三轴压缩条件下强度包络线的斜率，可以用式（3.12）求得：

$$M = \frac{6\sin\varphi}{3-\sin\varphi} \tag{3.12}$$

式（3.11）对应于无黏聚力的材料。为了考虑冻土材料的黏聚力，此处用 p' 代替式（3.11）中的等向应力 p：

$$\begin{cases} p' = p + \cot(\varphi)s \\ p = \dfrac{1}{3}(\sigma_{11} + \sigma_{22} + \sigma_{33}) \end{cases} \tag{3.13}$$

引入相关联流动法则，来计算不同方向的蠕变应变速率：

$$(\dot{\varepsilon}_c)_{ij} = \lambda \frac{\partial_{eq}}{\partial p_{ij}} \tag{3.14}$$

其中，将等效应力 p_{eq} 作为塑性势函数，根据式（3.9），ε_{cv} 可以表示为

$$\dot{\varepsilon}_{cv} = \lambda\left(\frac{\partial p_{eq}}{\partial p_{11}} + \frac{\partial p_{eq}}{\partial p_{22}} + \frac{\partial p_{eq}}{\partial p_{33}}\right) \tag{3.15}$$

将式（3.9）、式（3.11）代入式（3.15）可得

$$(\dot{\varepsilon}_c)_{ij} = \frac{c}{\tau_1}\left(\frac{p_{eq}}{p_c}\right)^{(b-a)/c}\frac{\partial p_{eq}}{\partial \sigma_{ij}} \tag{3.16}$$

运用式（3.16）就可以计算土体加载过程中的蠕变应变，由荷载引起的弹性应变则使用经典的弹性理论进行计算，这里不再赘述。

3.4　本构模型的预测能力分析

本节用以对比验证前述三种理论模型的数据采用 Orth（1986）开展的冻结中砂单轴压缩试验结果。Orth（1986）所用试样的干容重为 17.2kN/m^3，试样含水量为 18%。试验过程中，蠕变试验中所施加的轴向应力 σ_{11} 在 $1\sim10\text{MPa}$ 范围内，试验温度为 $-10℃$。对应 3.1～3.3 节的内容，各模型的参数如表 3.1～表 3.3 所示。

表 3.1　　　　　　　　　　　　　　　　亚塑性蠕变模型参数

s/kPa	c_1	c_2	$c_3/(\text{kPa}^{-1}\cdot\text{s}^{-1})$	$c_4/(\text{kPa}^{-1}\cdot\text{s}^{-1})$
3061.9	-68.82	-673.56	0.0768	-0.0256
c_5/kPa	c_6/kPa	c_7/kPa	c_8/kPa	
$0.066\sigma_1-1.076$	$0.034\sigma_1-0.462$	$0.652\sigma_1-14.520$	$0.522\sigma_1-8.883$	

表 3.2　　　　　　　　　　　　　　　　元 件 蠕 变 模 型 参 数

G_m/MPa	G_K/MPa	$H_K/(\text{MPa}\cdot\text{h})$	$H_M/(\text{MPa}\cdot\text{h})$	$H_N/(\text{MPa}\cdot\text{h})$	s/MPa	$\varphi/(°)$	p_m/MPa
52.8	60.0	200	1246	15	3.06	30.1	10.1

表 3.3　　　　　　　　　　　　　　　　软 土 蠕 变 模 型 参 数

a	b	c	τ_1/min	p_0/kPa	s/MPa	$\varphi/(°)$	ν
0.0001	0.0018	0.0019	120	350	3.06	30.1	0.3

图 3.1～图 3.3 为由各模型的计算与试验结果。观察试验结果可以发现，在低应力水平时（$\sigma_{11}<6\text{MPa}$），主要出现的是蠕变衰减阶段，随着时间的推移，应变速率逐渐降低；当应力水平较高（$\sigma_{11}>6\text{MPa}$）时，蠕变的三个阶段全部出现。应变速率首先出现降低的趋势，随后基本保持不变，在第三个阶段应变速率快速增加直至试样破坏。对比试验结果与计算结果可以发现，在不同的轴向应力水平，亚塑性模型对冻土蠕变应变以及应变速率的模拟较为准确。为了考虑蠕变过程中冻土结构损伤的影响，式（3.3）运用应变路径因子来描述不同蠕变阶段的变形。从图 3.1 可以发现，亚塑性模型能够较好地描述三个蠕变阶段的连续发展过程。

对于元件蠕变模型，在较低的应力条件下应变的计算结果与试验结果吻合较好，见图 3.2。该模型对应变速率的模拟结果与试验结果存在较大的偏差。应变速率的变化趋势与试验结果的变化趋势也存在着显著差异。在时间与应变速率的双对数坐标系中，元件蠕变模型模得到的蠕变速率发展规律表现为：应变速率首先呈非线性关系降低趋势，随后保持不变。这显然不符合试验结果中应变速率先减小、随后保持不变、最后快速增加直至试样破坏的发展趋势。由于使用了麦克斯韦体与开尔文体［式（3.4）］，元件蠕变模型能够模拟冻土蠕变过程中的应变速率降低与稳定两个阶段；当冻土蠕变速率进入加速发展阶段，元件蠕变模型采用抛物线型屈服准则的宾汉姆体来计算塑形应变［式（3.6）］。显然，采用抛物线型屈服准则的宾汉姆体只能模拟应变速率与时间之间的线性关系，不能描述冻土进入加速蠕变阶段应变速率非线性增加的情况。因此，现有采用时间不相关冻土强度准则的元件蠕变模型仅能描述低应力条件下的冻土蠕变发展规律，同时该模型对应变速率的预测精度较低。

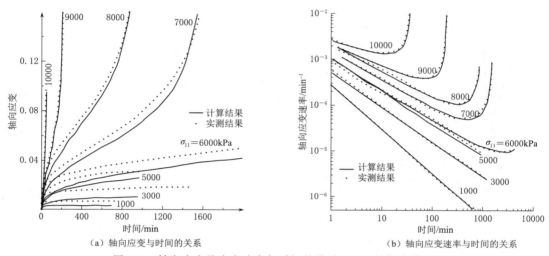

图 3.1　轴向应变及应变速率与时间的关系（亚塑性蠕变模型）

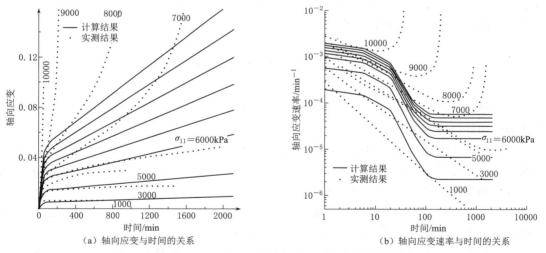

图 3.2　轴向应变及应变速率与时间的关系（元件蠕变模型）

对于软土蠕变模型，其在低应力条件下（＜6MPa）能准确描述应变与应变速率的发展规律（图3.3）。在高应力水平下（＞6MPa），模型预测的精度随着应力水平的增高而降低。当应力低于9MPa时，计算出的应变与应变速率都呈现出下降的趋势。应力高于9MPa后，模型只能描述应变速率增加的部分。显然，应用软土蠕变模型不能描述冻土蠕变由初始蠕变到稳定蠕变再到渐进破坏三个阶段的连续发展过程。软土蠕变模型是由改进剑桥模型发展演变而来，模型所针对的原始对象是未冻土的应变硬化与剪切破坏。对冻土而言，蠕变从第二阶段到第三阶段的发展过程是在冻土强度持续衰减直至低于当前应力时产生的结果（Assur，1980；Ting，1983）。因此为了完整地模拟冻土蠕变的三个阶段，需要合理考虑冻土强度的衰减特性。

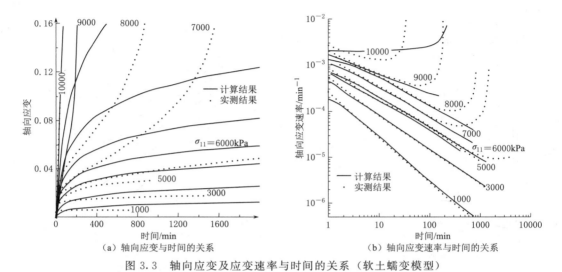

图 3.3　轴向应变及应变速率与时间的关系（软土蠕变模型）

考虑到软土蠕变模型的相关参数具有明确的物理意义，易于通过常规试验获取，后续章节将在验证软土蠕变模型在简单应力条件下的适用性的基础上，通过引入强度衰减函数使之连续描述冻土蠕变发展的三个阶段。

3.5　本　章　小　结

本章通过一系列不同应力水平下的单轴蠕变试验，验证分析了三种蠕变模型的计算准确性和适用性，得出以下结论。

（1）冻土亚塑性蠕变模型能合理地描述三个蠕变阶段，可用于较大轴压范围内的工程问题。该模型在原始亚塑性模型理论框架的基础上，通过引入结合应变路径相关的函数因子，可以很好地描述恒定应力作用下冻土蠕变的三个发展阶段。

（2）冻土元件蠕变模型仅适用于低应力水平下的蠕变应变计算。该模型对蠕变应变速率的预测精度较低，这主要源自元件模型数学结构的限制。

（3）从等速线理论和修正剑桥模型发展而来的软土蠕变模型无法合理描述冻土蠕变三个阶段的连续发展过程。对于低应力水平的情况，该模型在预测蠕变应变和应变速率方面具有较好的预测精度。考虑到相关参数具有明确的物理意义，且易于通过常规试验获取，可以尝试将冻土的强度衰减特性引入软土蠕变模型，进而合理描述冻土的率相关力学行为。

第4章　一维软土蠕变模型的验证

第3章基于冻土单轴蠕变试验结果，对比分析了冻土亚塑性蠕变模型、力学元件蠕变模型及软土蠕变模型的预测能力。其中，软土蠕变模型能够较好地描述冻土蠕变过程中蠕变应变速率从降低到基本保持恒定的前两个阶段，但无法完整描述冻土蠕变应变速率从降低到基本恒定再到加速破坏的连续发展过程。考虑到软土蠕变模型是基于经典的黏弹塑性理论框架发展而来，模型参数可以通过常规土力学试验获取，易于工程应用，可以尝试在该理论中引入冻土的强度衰减特性，使之合理描述冻土的率相关力学行为。在此之前，还需验证软土蠕变模型在 K_0（侧限）压缩条件下的适用性，这是对其进一步改进，准确描述复杂应力状态下冻土的率相关力学行为的基础。

4.1　一维软土蠕变模型的基本形式

一维软土蠕变模型又称为等速线模型（Buisman，1936；Bjerrum，1967）。在该模型中，总应变等于弹性应变（ε_d）和蠕变应变（ε_c）之和［式（4.1）］。图 4.1 所示为该模型的概念图。图 4.1 弹性应变 ε_d 由竖向有效应力 σ 的增量产生，应变与应力之间的关系如式（4.2）所示。

$$\varepsilon = \varepsilon_d + \varepsilon_c \tag{4.1}$$

$$\varepsilon_d = a\ln(\sigma/\sigma_0) \rightarrow \dot{\varepsilon}_d = a\ln\dot{\sigma}/\sigma \tag{4.2}$$

式中：a 为回弹系数；σ_0 为初始应力。

图 4.1 中，每条平行线上各点的应变速率相同，简称等速线。等速线上的总应变可以表示为

$$\varepsilon = b\ln(\sigma/\sigma_0) + c\ln(\tau/\tau_0) \tag{4.3}$$

式中：b 为压缩系数；c 为蠕变速率参数；τ 为内变量时间；τ_0 为过初始应力点 σ_0 等速线所对应的内变量参考时间；内变量时间与蠕变速率 $\dot{\varepsilon}_c$ 有关，可以表示为

$$\dot{\varepsilon}_c = c/\tau \tag{4.4}$$

根据式（4.3），在给定 ε 和 σ 时，τ

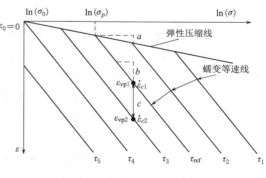

图 4.1　等速线模型概念图

便确定了，也就是说在应力和应变确定时，蠕变应变率也就确定了。实际时间 t 和 τ 之间的关系可以表示为

$$t = t_r + \tau \tag{4.5}$$

上式时间 t 可以从任意给定的起始状态 t_r 测定，比如时间年限、工程建设的开始时

间，以及某种状态的起始时间等。内变量参考时间 τ 的变化对起始时间 t_r 的变化并不敏感，而只与图 4.1 中的蠕变等速线位置有关。在应力保持恒定不变的情况下，由蠕变等速线方程 [式（4.3）] 可以看出，应变和内变量参考时间的对数呈线性关系，这与通常的应变-对数时间关系不太一样。如果土体在形成时便存在竖向应力，为了获得在恒定应力下压缩量，内变量参考时间 τ 就显得格外重要。因而 τ_0 与土层的地质年代有关，其表征是土层的受力历史。

当 t_r 的值同内变量时间 τ 相比很小时，则 $t \approx \tau$，并且 t 同 τ 在半对数图上呈线性关系。在 t 的数值较大、σ 为常数的情况下，$\varepsilon - \log t$ 曲线与 $\varepsilon - \log \tau$ 曲线的渐近线完全相同。如果给土体施加的荷载增量较大，那么图中的曲线将向右偏移一个较大的值，土体的内变量时间则随之变小。如果时间 t 从施加荷载时开始计时，则 t_r 几乎变为零，$t \approx \tau$。如果施加于土体的荷载增量与初始荷载相比很大的话，内变量参考时间 τ 将变得很小。

在模型中存在一种内变量时间 $\tau = 1$ 天的情况，此时蠕变应变率 $\dot{\varepsilon}_c = c (1/ 天)$。在黏性土的逐级加载固结试验中，应变率也大致等于 c（1/天）。蠕变等速线曲线与斜率为 a 弹性曲线的交点则为塑性屈服应力，其大致等于前期固结压力 σ_p。通过将内变量时间 τ 表示为不同参数和状态的函数，蠕变应变率有多种方式可以表达：

$$
\begin{aligned}
\dot{\varepsilon}_c &= \frac{c}{\tau_0} \mathrm{e}^{-\varepsilon/c} \left(\frac{\sigma}{\sigma_0} \right)^{b/c} \\
&= \frac{c}{\tau_1} \mathrm{e}^{-\varepsilon/c} \left(\frac{\sigma_0}{\sigma_p} \right)^{(b-a)/c} \left(\frac{\sigma}{\sigma_0} \right)^{b/c} \\
&= \frac{c}{\tau_1} \mathrm{e}^{-\varepsilon_c/c} \left(\frac{\sigma}{\sigma_p} \right)^{(b-a)/c} = \frac{c}{\tau_0} \mathrm{e}^{-\varepsilon_c/c} \left(\frac{\sigma}{\sigma_0} \right)^{(b-a)/c} \\
&= \frac{c}{\tau_1} \left(\frac{\sigma}{\sigma_c} \right)^{(b-a)/c}
\end{aligned}
\tag{4.6}
$$

式（4.6）中：

$$
\sigma_c = \sigma_p \frac{c}{\tau_1} \mathrm{e}^{\varepsilon_c/(b-a)}
\tag{4.7}
$$

式中：τ_1 为过塑性屈服应力 σ_p 点处等速线所对应的内变量参考时间。

由式（4.7）可知，土体蠕变后的塑性屈服应力 σ_c 是土体初始屈服应力 σ_p 和蠕变应变 ε_c 的函数。随着土体受力时间的增加，塑性屈服应力与蠕变应变呈指数增长关系，且其变化速率与回弹系数和压缩系数相关。这一关系在融土中能够很好地描述土体在长期蠕变作用下前期固结压力不断增长的"老化现象"。

4.2 一维软土蠕变模型的适用性分析

4.2.1 K_0 压缩试验及参数获取

以 2.2.2 节中所述的青藏粉质黏土为研究对象，制备干重度为 17.5kN/m^3 的冻结粉土试样，在图 2.11 所示的冻土多功能材料试验机上开展 K_0（侧限）逐级压缩试验。对于 K_0 逐级压缩试验，选取四级不同的温度进行试验，即 -1.5℃、-2.5℃、-4.5℃、-10℃，为了保证试验结果的精度和可靠性，试验中每个试样的温度波动均控制在±0.1℃范围内。在五级温度的试验结果中预留−3.5℃的试验结果用以验证模型的准确性，其他四级温度的试验结果用以获取模型参数。每一级温度条件下对试样所施加的轴向荷载依次为 0.2MPa、0.4MPa、0.8MPa、1.6MPa，每级荷载施加时间为 4h。其中，−10℃条件下冻土的蠕变速率较低，为使冻土在低温条件下更完整地表现其蠕变特性同时保证参数取值的稳定性，其阶梯加载间隔为 6h。

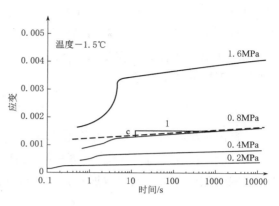

图 4.2　不同压力条件下应变与时间对数关系

以−1.5℃条件下的 K_o 加载试验结果为例说明一维软土蠕变模型参数的获取方法。图 4.2 为不同压力条件下轴向应变随时间对数的发展关系。从图 4.2 中可以发现，土体进入蠕变阶段后，不同压力条件下的 $\varepsilon - \ln t$ 曲线总体上相互平行。这表明冻土的蠕变发展也遵循式（4.3）所描述的规律，即不同压力下的蠕变随时间的发展曲线为一系列平行线。为了保证参数获取的精度，蠕变速率参数 c 取为不同压力条件下 $\varepsilon - \ln t$ 曲线上蠕变进入常速率发展阶段的斜率的平均值（图 4.2）。将图 4.2 中每条曲线对应的压力和最大应变画在 $\varepsilon - \ln \sigma$ 坐标中，就得到了应力应变曲线（图 4.3）。式（4.2）、式（4.3）、式（4.6）中的 a、b 和 σ_p 则可通过的 $\varepsilon - \ln \sigma$ 曲线获取（图 4.3）。其中，a 为弹性阶段加载曲线的斜率，b 为塑性加载阶段的斜率，σ_p 为两个加载阶段交点处

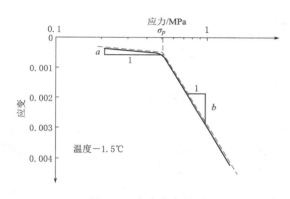

图 4.3　应力应变关系

所对应的压力。对于该试验 τ_1 为每一级压力的加载时间。根据上述参数获取方法，表 4.1 中列出了各级温度条件下所获取的相关参数值。

表 4.1 　　　　　　　　　　　　　　**试验获取的模型参数**

T/℃	a	b	c	σ_p/kPa	τ_1/s
−1.5	0.00030	0.0038	0.000100	530	14400
−2.5	0.00027	0.0034	0.000095	620	14400
−4.5	0.00021	0.0027	0.000083	700	14400
−10.0	0.00008	0.0010	0.000060	820	21600

4.2.2　K_o 加载试验的实测与预测结果分析

为了验证一维软土蠕变模型对冻土应变速率的预测准确性，图 4.4 给出了−4.5℃条件下蠕变速率的实测值和预测值。图中 OCR 表示土体的超固结比，即塑性屈服应力和当

前应力之比。可以看出，当 OCR<1 时，实测值和预测值之间有较大的差异；而当 OCR >1 时，预测值能够较好地吻合实测结果。结合式（4.7）和图 4.5（c）可以发现，当 OCR<1 时，土体蠕变应变（ε_c）均小于 0.001 在此情况下式（4.7）中的 $e^{-\varepsilon_c/c} \approx 1$，则恒载条件下蠕变速率为常数，即

$$\dot{\varepsilon}_c = \frac{c}{\tau_1} \left(\frac{\sigma}{\sigma_p}\right)^{(b-a)/c} \tag{4.8}$$

因而，预测结果与实测结果间存在较大差异；当 OCR >1 时，ε_c 随之急剧增大（图 4.4）。此时 $e^{-\varepsilon_c/c} > 1$。在恒载条件下，随着 ε_c 或时间的增大，蠕变速率的计算结果以指数形式迅速衰减，随后保持常速率发展趋势。这与试验结果具有较好的一致性。

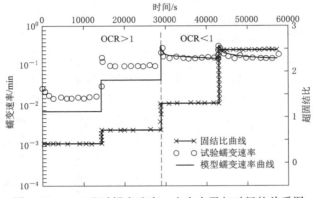

图 4.4　−4.5℃时蠕变速率、应力水平与时间的关系图

以上分析表明，在低应力水平时（OCR <1），本研究采用的一维蠕变模型对冻土蠕变应变速率的预测精度较低。这是由于该模型是针对融土提出的，在低应力状态下也能产生相对较大的蠕变应变，因而该模型能够客观地反映其蠕变应变速率的发展规律；对于冻土，由于远低于融土的压缩性和蠕变特性参数，比融土小 1~2 个数量级（表 4.1），因而在应力水平较低、蠕变应变极小的情况下，该模型对蠕变应变速率的预测精度相对较低。对于较高的应力水平（OCR>1），该模型对蠕变应变速率的发展规律具有较好的预测精度。对于冻土蠕变应变的发展规律（图 4.5），该模型总体上具有较好的准确性，这表明冻

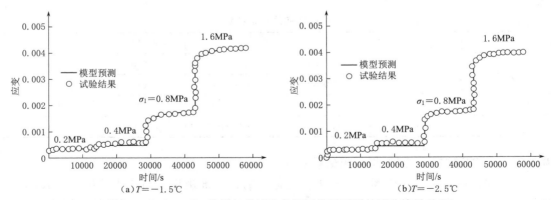

图 4.5（一）　K_0 阶梯加载试验条件下模型预测与试验结果对比

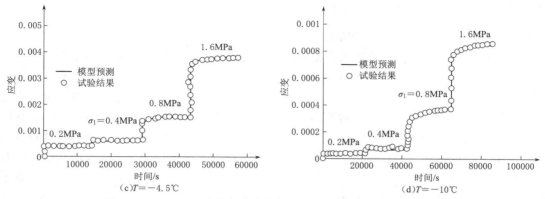

图 4.5（二）　K_0 阶梯加载试验条件下模型预测与试验结果对比

土在一维简单压缩条件下其应力应变关系也遵循等速线模型中的平行线规律，一维等速线蠕变模型能够合理描述 K_0 逐级加载条件下冻土试样蠕变应变随时间的发展规律。

4.3　应力历史对塑性屈服应力的影响

在土力学中，塑性屈服应力（应力-应变压缩曲线上弹性和塑性阶段的交点）是用于基础设施稳定性设计和沉降计算的重要力学指标（Leroueil 等，1979；Onitsuka 等，1995）。由于土颗粒之间存在着冰晶和未冻水，冻土的塑性屈服应力对温度的变化极其敏感（Andersland 和 Ladanyi，1994）。同时，蠕变过程对塑性屈服压力的发展也起着主导作用。现有的试验研究表明，在低应力水平下（<1MPa），塑性屈服应力随着蠕变时间或应变而持续增加（Qi 等，2010）。这是一个结构强化过程，来源于荷载持续作用下冰晶的塑性流动和重新排列（Yang 等，2010）。同样的现象也可以在未冻结的土壤中发现，这被命名为"老化"过程（Bjerrum，1967 和 1973）。大量的试验研究证明，随着蠕变过程中塑性屈服应力的发展，土的力学行为将发生显著变化（Vermeer 和 Neher，1999）。因此，为了更合理地描述冻土的力学行为，必须考虑蠕变对塑性屈服压力的影响。

已有众多的冻土本构模型工作大多集中在应力状态或路径对塑性屈服压力或表面发展的影响，而对于蠕变对塑性屈服压力发展的影响鲜有报道。在塑性理论框架中，塑性屈服应力随体积应变的发展规律对于定量描述屈服面变化的硬化法则至关重要（Hashiguchi，2005；Lai 等，2009）。前面的分析也表明，冻土蠕变过程中其塑性屈服应力在不断变化，冻土的力学行为很大程度上取决于蠕变应变的发展。

4.1 节中介绍的一维等速线模型假定不同常应变率下的应力-应变曲线在应变和应力的对数空间中是一系列平行的直线。Den Haan（1996）和 Leroueil（2006）验证了该模型的适用性，并进一步证实了塑性屈服压力随体积蠕变应变的发展可以用一维等速线模型推导出的幂函数来描述。在 4.1 节和 4.2 节中，通过开展不同温度条件下的 K_0 逐级加载试验验证了冻结土体也遵循基本的一维等速线蠕变规律。下面将通过开展经历不同蠕变时长的逐级加载试验，进一步验证等速线模型在描述蠕变对塑性屈服压力影响方面的适用性。在此基础上通过回归分析，建立各蠕变参数与温度之间的关系，得到温度相关的冻土一维等速线模型，从而合理地描述不同温度下冻土的力学行为。

4.3.1　考虑应力历史的 K_0 压缩试验

本节仍然以 2.2.2 节中所述的青藏粉质黏土为研究对象，所制备试样的干重度控制在 16.7kN/m³ 左右。试验中试样的某组参数如表 4.2 所示。考虑温度的影响，采用五级不同的试验温度：$-1℃$、$-2℃$、$-5℃$、$-7℃$、$-10℃$。为了考察应力历史对冻土应力应变关系的影响，每个温度条件下做不同时长的蠕变试验。蠕变时长设定为 6h、12h、24h、48h、100h，蠕变荷载为 0.8MPa。为了考察蠕变时长或应变对冻土塑性屈服应力的影响，蠕变结束先进行卸载，随后在经历不同蠕变时长试样的基础上进行 K_0 逐级加载试验。各级加载的应力为 0.2MPa、0.4MPa、0.8MPa、1.6MPa、3.2MPa、4.8MPa。逐级加载条件下，每级压力施加持续时间为 4h。由于篇幅所限，图 4.6 仅给出 $-1℃$ 条件下的土体蠕变及逐级加载试验结果，用以说明应力历史对其应力应变关系的影响。

表 4.2　　　　　　　　　　　　　　制备试样的物理参数

试样编号	干土质量 /g	配水质量 /g	制样质量 /g	饱水后 质量/g	速冻后 质量/g	土样干容重 /(kN·m⁻³)	土样密度 /(g·cm⁻³)	含水量 /%
1	1370	220	1572.4	2017.8	1601.8	16.66	2.03	21.63
2	1370	215	1567.0	2067.7	1615.6	16.94	2.02	19.02
3	1364	210	1567.9	2066.8	1569.3	16.52	2.03	23.09
4	1365	210	1545.1	2006.5	1585.1	16.94	2.02	19.14
5	1365	210	1560.0	2060.9	1588.5	16.53	2.00	22.37
6	1365	213	1562.1	2070.7	1604.1	16.70	2.04	22.32
7	1365	220	1567.9	2060.3	1619.3	16.89	2.06	22.11
8	1360	215	1563.5	2071.7	1597.3	16.54	2.03	22.91
9	1351	200	1543.5	2065.1	1589.1	16.52	2.02	22.49
10	1352	200	1537.7	2068.4	1584.4	16.44	2.02	22.70

通过 $-1℃$ 条件下的土体蠕变及 K_0 逐级加载试验可以看出这些曲线的大致发展趋势一致（图 4.6），随着荷载的逐级增加，应变也同步增加，在经过不同时长的蠕变加载再卸载以后曲线有明显的回弹过程，说明冻土是典型的黏弹塑性材料。同时，从 K_0 加载曲线中可以观察到，当荷载从 0.2MPa、0.4MPa、0.8MPa 逐级变化时，时间-应变曲线增长得并不显著，当荷载达到第三阶 1.6MPa 时，时间-应变曲线较前三阶有明显增加，究其原因是土体在经过一段时间的蠕变后土颗粒被压实，冰胶结体重新结晶等作用使土结构得到强化，使得土的塑性屈服应力均大于 0.8MPa，因此，土样在加载过程中蠕变应变在 0.8MPa 以下时发展较小，而当应力大于 0.8MPa 时发展较快。显然，前期蠕变过程引起的塑性屈服应力变化会极大地影响冻土的力学行为。

4.3.2　模型验证

为了研究蠕变对冻土塑性屈服应力的影响，同时验证融土一维等速线模型在描述冻土塑性屈服应力随蠕变发展规律的方面的合理性，本节根据经历不同蠕变时长的 K_0 逐级加载试验结果获取一维等速线模型的参数及不同蠕变时长条件下的塑性屈服应力，见表 4.3。

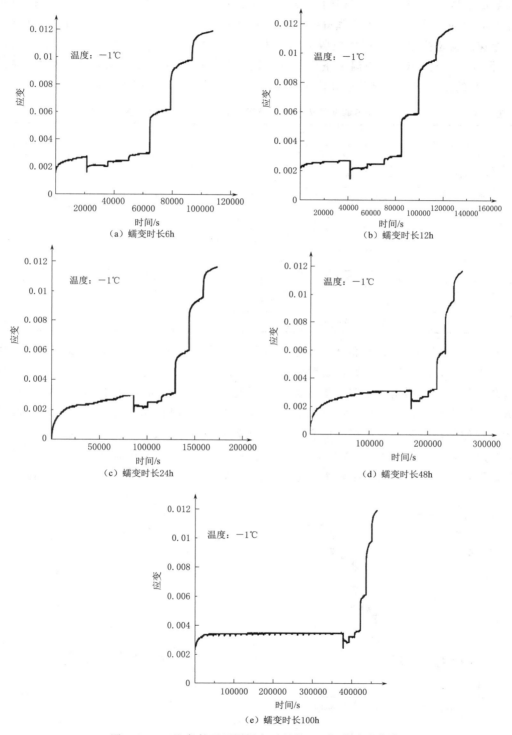

图 4.6　−1℃条件下不同蠕变时长的 K_0 加载试验曲线

各参数的获取方法与 4.3.1 节相同。表 4.3 中还列出了根据一维等速线模型计算得到的塑性屈服应力的计算结果。将计算得到的曲线和试验加载曲线绘制于同一坐标系进行对比，分析等速线模型描述冻土塑性屈服应力的有效性。由于数据量较大，限于篇幅原因，图 4.7～图 4.10 仅给出了四级温度条件下不同蠕变时长的蠕变应变试验和计算结果。同时，预留 -7℃ 的试验结果用以验证经修正后温度相关一维等速线模型的正确性。

表 4.3　　不同温度条件下等速线模型参数及不同蠕变时长对应的塑性屈服应力

蠕变时长/h	-1℃			-2℃			-5℃			-10℃		
	a	b	c	a	b	c	a	b	c	a	b	c
	0.00046	0.0050	0.00028	0.00042	0.0048	0.00026	0.00039	0.0044	0.00021	0.00036	0.0042	0.00018
	试验值/kPa		计算值/kPa	试验值/kPa		计算值/kPa	试验值/kPa		计算值/kPa	试验值/kPa		计算值/kPa
0	—		560	—		600	—		650	—		700
6	771.06		782.86	789.56		802.42	873.45		862.57	927.28		930.98
12	879.92		836.90	857.62		854.36	925.47		891.90	957.49		947.86
24	893.75		894.07	904.33		912.45	975.26		954.79	1035.50		1051.28
48	921.04		953.25	956.27		964.57	986.45		978.31	1057.77		1092.97
100	1000.00		967.25	984.12		978.67	998.46		999.98	1138.49		1168.62

从图 4.7～图 4.10 对应的不同温度条件下不同蠕变时长的试验加载曲线和计算曲线的对比可以看到，两者吻合较好，说明由融土发展而来的一维等速线模型能够很好地预测冻土的蠕变行为，即利用该模型来描述冻土的蠕变行为是可行而合理的。不过也应当看到，在 K_0 加载的前 5 个阶段计算曲线和试验加载曲线吻合得相当好，而在第 6 个加载阶段，二者出现偏差，试验加载曲线的应变值略大于计算得到的应变值，这是因为在 K_0 加载的第 6 个阶段，应力值达到 4.8MPa，该应力值较大，而试验过程中盛放土样的模具是树脂有机玻璃，在高应力下会发生较大变形而不能有效限制土体的侧向变形，导致土体变形量

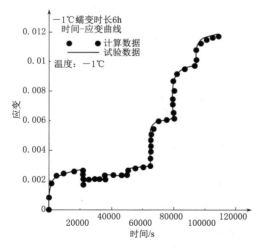

图 4.7　-1℃ 条件下蠕变时长 6h 的逐级加载曲线

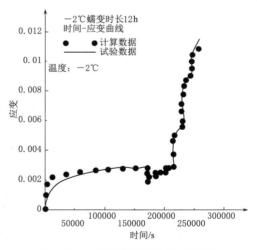

图 4.8　-2℃ 条件下蠕变时长 12h 的逐级加载曲线

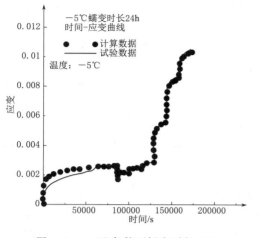

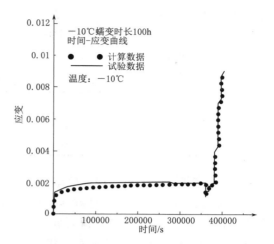

图 4.9　−5℃条件下蠕变时长 24h
的逐级加载曲线

图 4.10　−10℃条件下蠕变时长 100h
的逐级加载曲线

偏大，从而出现 K_0 加载的第 6 个阶段的蠕变曲线的应变值均大于计算值的情况。但在总体趋势上，一维等速线模型均能较好描述不同蠕变时长条件下冻土试样的蠕变应变发展规律。

4.3.3　蠕变应变与塑性屈服应力间的关系

为了便于描述冻土塑性屈服应力与蠕变发展之间的关系，将经历不同蠕变时长塑性屈服应力的计算结果与实测结果绘制在塑性屈服应力-蠕变应变图中，如图 4.11 所示。其中，塑性屈服应力和蠕变应变的试验结果是通过表 4.3 和图 4.7～图 4.10 获得，结果是通过式（4.7）计算所得。从试验结果可以看出，初始塑性屈服压力和 $\lg\sigma_c$ 对蠕变应变的斜率均随温度的下降而增加。这表明温度对初始结构强度和变形在蠕变过程中发展都起主导作用。一方面，未冻水含量随温度降低，初始结构强度增强

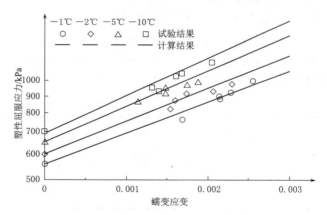

图 4.11　塑性屈服应力与蠕变应变关系图

（Qi 等，2010）；另一方面，在荷载的持续作用下，由于冰晶的塑性流动和重新排列，结构强度也逐渐增强（Yang 等，2010），蠕变过程中结构强度的发展随着温度的降低而增强。

通过比较试验结果和计算结果（图 4.11），可以看出塑性屈服压力的对数和蠕变应变之间呈线性关系。式（4.7）的计算结果总体上与试验结果有较好一致性。结合式（4.7）还可发现塑性屈服应变的发展与初始塑性屈服压力 σ_p 和 $1/(b-a)$ 相关，这决定了 $\lg\sigma_c$ 与蠕变应变间的变化斜率，且随温度的降低而增大（表 4.4）。也就是说冻土的初始塑性屈

服应力以及压缩指标均会直接影响蠕变过程中塑性屈服应力的发展规律。通过对比分析说明，基于等速线理论得到的塑性屈服应力与蠕变应变间的量化关系［式（4.7）］对于冻结土体是适用的。

表 4.4		不同温度条件下的 $1/(b-a)$ 值	
温度/℃	$1/(b-a)$	温度/℃	$1/(b-a)$
−1.0	220.2	−5.0	249.3
−2.0	228.3	−10.0	260.4

4.3.4　温度相关的一维等速线模型修正

前面以试验为基础，通过数据处理得到了模型参数（表 4.3）。参数 a、b、c 及初始塑性屈服应力 σ_p 与温度绝对值之间呈对数函数关系（图 4.12）。通过回归分析得到了式（4.9）中的参数，如表 4.5 所示。将式（4.9）引入一维等速线模型［式（4.8）］即可得修正后温度相关的冻土一维等速线模型。

$$f(a,b,c,\sigma_{1p}) = k\ln(|T|) + l \qquad (4.9)$$

式中：k、l 为拟合参数（见表 4.5）；T 为温度，℃。从图 4.12 可以看到参数 a、b、c 随温度的降低而减小，冻土的压缩性随温度降低而减小，其抵抗变形能力则随温度的降低而增强；初始塑性屈服应力随温度降低而增加，这表明冻土内部冰胶结作用随温度的降低而增大，符合客观试验规律。为了验证式（4.9）温度相关参数拟合公式的正确性，可以通过式（4.9）结合表 4.5 中的拟合参数计算出 −7℃ 条件下的模型参数，如表 4.6 所示，利用求得的参数分别计算出 −7℃ 条件下不同蠕变时长的蠕变曲线（图 4.13）。将 −7℃ 条件下的计算和试验结果进行对比可以看到，利用拟合函数关系得到的模型参数计算所得的蠕变曲线和试验蠕变曲线吻合较好，这说明通过拟合得到的模型参数与温度之间的函数关系是合理的。经过修正后的模型在描述冻土的蠕变行为时能够同时反映温度及蠕变时长对冻土蠕变行为的影响。

表 4.5			模 型 拟 合 参 数		
参数	k	l	参数	k	l
a	-4×10^{-5}	0.0005	c	-4×10^{-5}	0.0003
b	-4×10^{-4}	0.005	σ_p	59.925	558.49

表 4.6		−7℃ 时的模型参数	
a	b	c	σ_{1p}/kPa
0.00042	0.0042	0.000222	675.099

在采用式（4.9）将融土一维等速线蠕变模型修正为温度相关的力学模型后，可以方便地计算塑性屈服压力随蠕变应变和温度的变化规律，如图 4.14 所示。随着蠕变应变的增加和温度对数的降低，塑性屈服应力呈对数增加趋势。这里需要注意的是，上文提出的温度相关计算冻土塑性屈服应力计算公式的适用范围，即它适用于冻土结构不断强化，塑性屈服应力随蠕变应变或时间增加的情况，反之则不适用。对于寒冷地区的线性工程，如铁路和高铁，通过现场监测观察到的冻土层的蠕变沉降通常发生在不超过 20m 的深度内

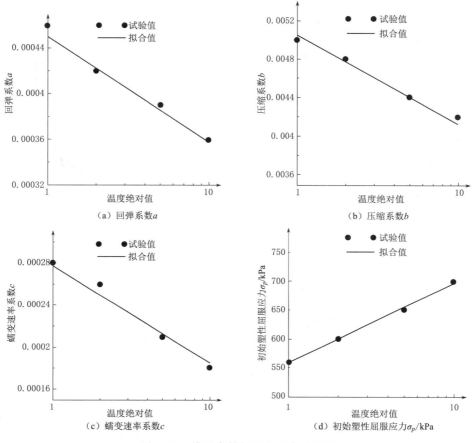

图 4.12　模型参数与温度拟合关系图

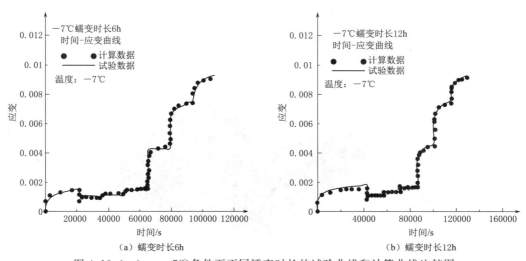

图 4.13（一）　−7℃条件下不同蠕变时长的试验曲线和计算曲线比较图

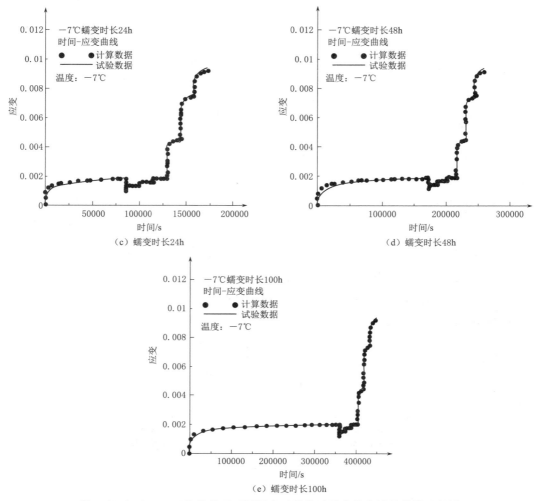

（c）蠕变时长24h　　　　　　　（d）蠕变时长48h

（e）蠕变时长100h

图 4.13（二）　－7℃条件下不同蠕变时长的试验曲线和计算曲线比较图

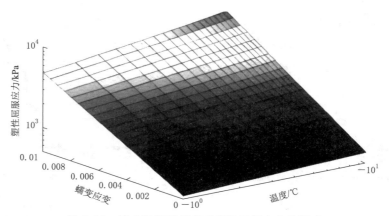

图 4.14　冻土温度及蠕变对塑性屈服应力的影响

（Qi 等，2007），在此范围内，最大竖向应力小于 500kPa，在此条件下冻土结构是逐渐加强的（Lai 等，2009），因此本书通过改进的温度相关一维等速线蠕变模型描述塑性屈服压力和蠕变应变之间的相关关系，在埋深较浅的线性冻土地基中是适用的。

4.4 本 章 小 结

本章以青藏粉质黏土为试验研究对象开展了不同蠕变时长和温度条件下的 K_0 逐级加载试验。首先，结合未经历任何前期蠕变的逐级加载试验数据验证了一维等速线蠕变模型在不同应力阶段描述冻土蠕变规律的适用性，结果显示一维等速线蠕变模型能够较好地描述冻土粉质黏土在简单条件下的应力应变关系。在此基础上结合不同蠕变时长的压缩数据进一步验证分析了该模型在描述冻土蠕变效应对其力学行为影响方面的合理性。该模型中表征蠕变应变和前期固结压力的函数关系在冻土中也是适用的。通过试验数据的统计回归分析，将一维等速线蠕变模型修正为适用于冻土的温度相关力学蠕变模型。这些验证工作均表明，软土蠕变模型在描述简单应力状态下冻土的基本力学行为方面是适用的。下面章节将在软土蠕变模型中引入冻土的时间相关强度准则，进而合理描述复杂应力状态下冻土的率相关力学行为。

第5章 考虑强度衰减准则的率相关本构模型

通过第 2 章对冻土率相关力学行为的介绍可知，不同的试验条件下冻土的率相关力学行为呈现出不同的表现形式。在蠕变条件下，根据时间和应变速率的关系，冻土的蠕变过程可以分为三个阶段，即应变速率减小的初始阶段、应变速率保持基本恒定的第二阶段和快速增长的第三阶段。在不同加载速率的压缩试验条件下，冻土的峰值强度及应变硬化或软化规律与应变速率密切相关。这些不同试验条件下的应力-应变-时间或应变速率不同表现形式，很大程度上取决于冻土当前应力水平与其持续衰减的强度间的相对关系。本章将在软土蠕变模型的基础上，引入冻土强度衰减准则，结合试验数据分析不同试验条件下冻土的率相关力学行为。

5.1 考虑直线型强度衰减准则的率相关本构模型

现阶段，研究者已经从微观和宏观现象学角度提出了大量理论模型用以描述冻土的率相关力学特性，在本书第 1 章有关冻土本构模型的研究现状中已做了详细介绍。其中，基于融土黏弹塑性理论框架开展的模型工作大多是通过考虑冻土的屈服准则、硬化规律和长期强度来描述冻土的率相关力学特性。总体上，由于缺乏对冻土强度衰减特性的合理考虑，现阶段所提出的各类理论模型在描述不同加载条件下冻土的应力-应变-时间-应变速率的关系方面尚存在一定不足。本节将在软土蠕变模型的基础上，引入冻土强度衰减函数对其进一步改进，使之更为合理地描述冻土的率相关力学行为。

如前文所述，软土蠕变模型是由等速线蠕变模型和修正的剑桥模型发展而来，基于经典的黏弹塑性理论框架。该模型所描述的一个重要规律就是在半对数坐标系下蠕变体积应变与时间之间呈线性关系。第 4 章的验证工作显示，冻土在 K_0 压缩条件下也遵循这一规律。等速线蠕变模型能够较好地描述蠕变对冻土塑性屈服应力的影响。这表明该模型能够合理描述冻土在简单条件下的基本硬化规律。同时，软土蠕变模型中所有参数都可以通过 K_0 压缩和三轴压缩试验直接获得，这使得它更容易应用于实际问题。本节内容尝试将直线型的强度衰减准则引入软土蠕变模型，进而合理描述冻土在不同加载条件下的率相关力学行为。

5.1.1 模型基本参数获取

本部分的研究以标准砂为研究对象。表 5.1 为表中砂的基本物性参数。标准砂试样采用砂雨法制成，具体制样方法见第 2 章相关内容。所有冻结标准砂试样的干重度为 $17.6 \mathrm{kN/m^3}$，含水量为 16.0%。本章的所有试验均在多功能环境材料试验机上进行。试验过程中的位移、应力和温度控制精度分别为 $0.001\mathrm{mm}$、$1\mathrm{kPa}$ 和 $\pm 0.1 \mathrm{℃}$。在 $-1\mathrm{℃}$ 和 $-2\mathrm{℃}$ 两个温度条件下开展 K_0 压缩试验和三轴剪切试验获得软土蠕变模型的基本参数，通过三轴蠕变试验结果对比分析模型计算结果。在相同温度条件下，K_0 压缩试验采用

8 级应力加载，分别为 0.2MPa、0.4MPa、0.8MPa、1.6MPa、2MPa、3MPa、4MPa、5MPa，每级应力持续时间为 8h；三轴剪切试验采用 0.5MPa、2MPa、5MPa 三个围压，轴向应变率为 0.01min^{-1}；蠕变试验是在 0.5MPa 围压下，开展三种不同恒定轴向压力的三轴试验。

表 5.1 标准砂的基本物性参数

不同直径颗粒所占百分比/%					干重度/（kN·m^{-3}）	
>2mm	1~2mm	0.5~1mm	0.075~0.5mm	<0.075mm	$\gamma_{d,\,max}$	$\gamma_{d,\,min}$
16.06	33.13	48.81	1.77	0.23	18.1	16.5

软土蠕变模型的基本力学参数（a、b、c、τ_1 和 p_0）（具体见 3.3 节）是通过 K_0 压缩试验获得的。以 -2℃时的试验结果为例（图 5.1）说明各基本力学参数的获取方法。首先将逐级加载条件下得到的不同应力水平下的应变随时间的变化曲线得到蠕变速率参数 c。从图 5.1（a）中可以看出，这些曲线在进入蠕变阶段时是一系列近似平行的直线。这些直线的平均斜率为 c。在图 5.1（b）中绘制出每条曲线末端的应变及其对应的应力，得到了 K_0 压缩条件下的应力和应变关系曲线。根据图 5.1（b）中的 $\varepsilon-\ln\sigma$ 曲线计算出 a、b 和 σ_p 的值。内变量参考时间 τ_1 是每级荷载的持续时间，即 8h。对于冻结砂，静止侧向系数（K_0）大约等于 1.0，因此，初始各向同性前期固结压力 p 等于 σ_p。摩擦角 φ 和内聚力 s 分别为偏应力轴上强度包络线的倾角和截距。表 5.2 给出了在不同温度下的上述参数。

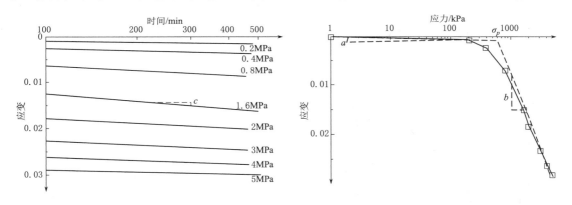

（a）应变随时间的变化 （b）应变随应力的变化

图 5.1 -2℃下 K_0 压缩试验应变随时间和应力的变化

表 5.2 试验得到的模型参数

温度/℃	a	b	c	t_1/min	p_0/MPa	s/MPa	φ/（°）	ν
-1.0	0.0003	0.015	0.002	480	0.50	0.9	25	0.3
-2.0	0.0002	0.012	0.001	480	0.61	1.0	27	0.3

5.1.2 软土蠕变模型强度特性分析

图 5.2 和图 5.3 是不同温度下轴向应变和应变速率随时间发展的试验与计算结果。从试验结果可以看出三个典型的冻土蠕变发展过程，即应变速率先减小，然后基本恒定，随

后快速增大。通过比较测试和计算结果，可以发现软土蠕变模型在不同应力水平下的预测精度较差。在较低的应力水平下，计算得到的应变率持续降低；当轴向应力超过一定值，应变速率急剧增加。这些基本现象表明，冻土蠕变模型无法合理捕捉冻土蠕变速率先降低随后快速增大的连续发展过程。究其原因，主要是软土蠕变模型中采用了时间无关的强度包络线所致。根据软土蠕变模型的理论框架 [式（3.7）～式（3.16）]，蠕变应变的发展主要取决于 $p\text{-}q$ 空间（图 5.4）中应力点和强度包络线的相对位置。当屈服面上的应力点 Q_1 低于强度包络线时，蠕变应变速率按式（3.16）的硬化规律不断减小；当应力点 Q_1 高于其强度包络线时，应变速率急剧增加，应变趋于无穷大，随后发生破坏。也就是说，在强度包络线与应力点相对位置固定的情况下，软土蠕变模型仅能分别描述蠕变应变速率持续降低或急剧增大情况。

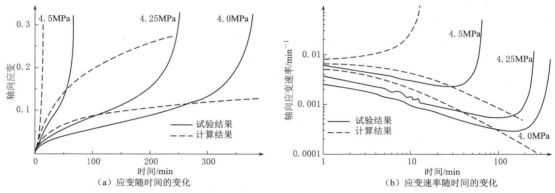

图 5.2　−1.0℃下轴向应变和应变速率随时间的变化

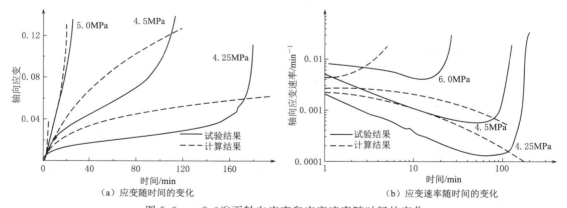

图 5.3　−2.0℃下轴向应变和应变速率随时间的变化

在这里我们重新回顾试验结果，冻土蠕变的三个阶段的发展过程实质是一个从应变硬化到破坏的连续变化过程，这是由微结构损伤持续积累引起的强度持续衰减造成的。当考虑冻土的强度衰减特性时，由强度参数确定的强度包络线在 $p\text{-}q$ 空间中持续下降，并且应力点与破坏线之间的相对位置持续改变 [图 5.4（b）]。也就是说，考虑冻土的强度衰减特性后能够合理描述应力状态点与强度包络线相对位置的持续变化。因而可以合理地描述从应变硬化到破坏的连续发展过程。

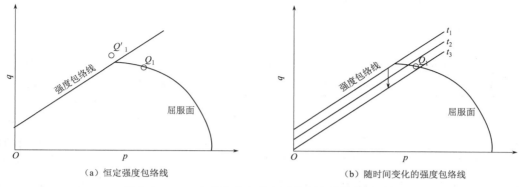

（a）恒定强度包络线　　　　　　　　　（b）随时间变化的强度包络线

图 5.4　p-q 空间中应力状态下的恒定破坏线随时间
变化的强度包络线

5.1.3　采用直线型强度衰减准则的模型修正

本节主要考虑低围压状态下，直线型强度包络线的情况。对于直线型的强度包络线，在 p-q 空间中通常是采用黏聚力和内摩擦角确定其位置和斜率。根据以往冻土的试验研究结果，冻土的黏聚力随时间的推移在持续衰减，而在恒定的荷载作用下内摩擦角随时间的变化并不明显，因此，仅需考虑时间对黏聚力的影响。在三轴蠕变条件下，黏聚力衰减函数可以通过轴向破坏应力随时间的发展来确定（Zhu 和 Carbee，1983；吴紫汪和马巍，1994）。在一定应力水平下，本节开展的冻结砂应变速率随时间的变化曲线如图 5.5 所示。将应变速率接近其最小值时的时间 t_i 定义为破坏时间，相应的轴向应力 $\sigma_{11}(t_i)$ 为 t_i 时刻的轴向破坏应力。在图 5.6 中绘制出两个变量，通过回归分析就得到了冻结标准砂轴向破坏应力与试验时间之间的衰减关系：

$$\sigma_{11} = m t^n \tag{5.1}$$

拟合参数 m 和 n 的取值如表 5.3 所示。σ_{11} 随时间的拟合曲线在冻土力学中即为长期强度曲线。

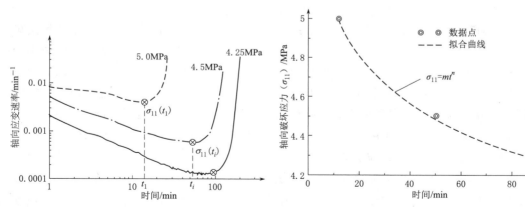

图 5.5　不同压力下轴向应变速率　　　　图 5.6　轴向破坏应力与时间的关系（−2℃）
随时间的变化关系（−2℃）

在三轴压缩试验条件下，轴向破坏应力与抗剪强度参数之间的关系可表示为（Roscoe 和 Borland，1968）

$$\sigma_{11} = \sigma_{33} \frac{1 + \sin\varphi}{1 - \sin\varphi} + 2s \frac{\cos\varphi}{1 - \sin\varphi} \tag{5.2}$$

表 5.3　　　　　黏聚力衰减拟合参数

温度/℃	$m/(\text{MPa} \cdot \text{min}^{-1})$	n
−1.0	5.625	−0.064
−2.0	6.073	−0.078

在以往对冻土的研究中，大量三轴蠕变试验结果表明了式（5.2）在确定黏聚力衰减方面是适用的。当土样发生破坏时由式（5.2）得到的轴向应力被定义为破坏应力。在常应变率下进行三轴压缩试验时，轴向应力破坏值为应力应变曲线上的峰值点；在三轴蠕变试验中，将应变率接近最小值时的应力值定义为破坏应力。因此，采用蠕变和压缩试验将均可得到土体的轴向破坏应力。

对于本节的三轴蠕变试验结果，σ_{33} 取 0.5MPa 而 φ 的值取表 5.2 中的常数。将式（5.1）代入式（5.2），黏聚力与时间之间的衰减关系可写成

$$s = \frac{1 - \sin\varphi}{2\cos\varphi}\left(mt^n - \sigma_{33}\frac{1 + \sin\varphi}{1 - \sin\varphi}\right) \tag{5.3}$$

将式（5.3）代入式（3.13），等向应力 p' 则为一个时间相关的应力变量，即

$$p' = p + \cot(\varphi)\left[\frac{1 - \sin\varphi}{2\cos\varphi}\left(mt^n - \sigma_{33}\frac{1 + \sin\varphi}{1 - \sin\varphi}\right)\right] \tag{5.4}$$

考虑 p' 的时间相关性后，强度包络线（$q = Mp'$）和塑性势函数 p_{eq}［式（3.11）］均与时间有关，即随着黏聚力的衰减，偏应力 q 轴上强度包络线的截距减小且屈服面椭圆中心不断向右移动。因此，应力状态点和强度包络线之间相对位置取决于黏聚力的衰减规律。可以引入黏聚力的衰减函数，对软土蠕变模型进行修正。此外，在计算过程中发现蠕变应变率［式（3.16）］须通过乘以一个系数来保证计算精确度，即

$$(\dot{\varepsilon}_c)_{ij} = \frac{l}{\beta}\frac{c}{\tau_1}\left(\frac{p_{eq}}{p_c}\right)^{l(b-a)/c}\frac{\partial p_{eq}}{\partial \sigma_{ij}} \tag{5.5}$$

本节试验采用标准砂的修正系数 l 取 0.3，$\beta = \partial p_{eq} / \partial \sigma_{ij}$。

图 5.7 和图 5.8 是修正模型在不同温度下的测试结果和计算结果。可以看出计算结果与试验结果吻合较好，修正后的模型能够合理地反映冻结标准砂的应变速率从持续减小到快速增大阶段完整的连续发展过程。通过轴向蠕变应变率对时间导数（$\dot{\varepsilon}_{c11}$），可以更为清晰地阐明这一过程。这里以 −2.0℃、轴压 $\sigma_{11} = 4.5$MPa 的计算结果为例进行说明，如图 5.9 所示。同时，在 p-q 空间中绘制了破坏线和屈服面的相应发展过程（图 5.10）。可以看出，在 t_1 时刻，屈服面上的初始应力点 $Q_1(t_1)$ 低于破坏线。随着时间的推移（$t_1 < t_i < t_m$），强度包络线位置下降，应力点 $Q_1(t_i)$ 逐渐接近强度包络线。在此期间，$(\dot{\varepsilon}_c)_{11} < 0$（图 5.9），这对应于蠕变初始阶段的应变硬化过程；随后，应力点 $Q_1(t_m)$ 在 t_m 时接近强度包络线，且 $(\dot{\varepsilon}_c)_{11} = 0$。这对应与蠕变应变速率恒定的第二个阶段；当 $t_f > t_m$ 时，强度包络线下降到应力点 $Q_1(t_f)$ 以下且 $(\dot{\varepsilon}_c)_{11} > 0$，土体发生剪切破坏，蠕变应变急剧增加，这是蠕变的第三个阶段。

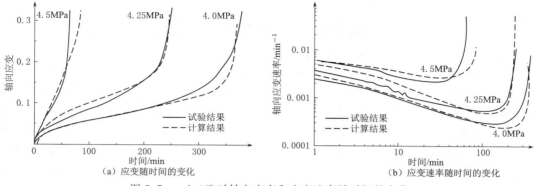

图 5.7 －1.0℃时轴向应变和应变速率随时间的变化

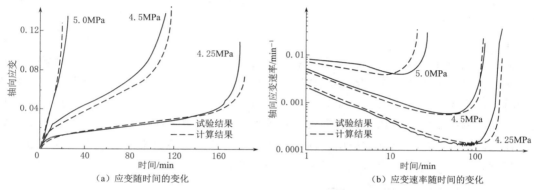

图 5.8 －2.0℃时轴向应变和应变速率随时间的变化

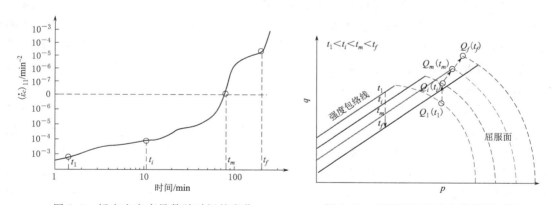

图 5.9 蠕变应变率导数随时间的变化　　图 5.10 屈服面和强度包络线随时间
　　　　　　　　　　　　　　　　　　　　　　　　的发展规律

　　以上分析表明，采用直线型强度衰减准则对软土蠕变模型进行修正后，可以合理地描述冻土蠕变过程中。根据以往的试验，当各围压水平力小于 6MPa 时，冻结砾石和细粒土的强度包络线可以用一条直线来表示，而在较大的围压范围内则需要用非线性的强度包络线来描述其强度特性。因此，从这个角度来看，本节所采用直线型强度衰减准则修正得到的模型适用于低应力水平的情况（围压小于 6MPa）。

5.2 强度衰减对冻土率相关力学行为的影响

5.1 节中将直线型强度衰减准则引入软土蠕变模型，建立了考虑直线型强度衰减特性的率相关本构模型。通过对比分析试验和理论计算结果，研究分析了不同条件下冻土的蠕变力学行为。回顾不同应变速率条件下冻土的压缩试验结果，目前基本确定的一个结论是冻土的压缩强度与应变率呈正比，而将不同应变速率条件下得到的应力-应变关系曲线转换至应力-时间坐标系时，则可以得到与蠕变试验相同的结论，即冻土强度随时间衰减（Zhu 和 Carbee，1983；吴紫汪和马巍，1994）。现有的试验研究已经证实，在恒定应力条件下，强度衰减对应变速率的发展起主导作用（Fish，1980；Zhu 和 Carbee，1983）。与之对应，在恒定应变速率的压缩试验条件下，强度衰减也可能影响应力-应变关系的发展规律（应变硬化或软化）。

在前面的试验工作中，强度衰减函数由一系列三轴蠕变试验确定。其中，强度衰减函数的关键参数破坏时间根据蠕变应变速率接近其最小值的时间来确定。分析大多数采用这种方法的试验研究可以发现，在蠕变应变速率-时间曲线上，最小应变率通常在一个相当长的时间段内保持基本恒定（Zhu 和 Carbee，1983；吴紫汪和马巍，1994）。显然，使用最小应变速率确定蠕变破坏时间的方法误差较大。考虑到恒定应力和应变速率试验结果之间存在的内在联系，可以尝试使用三轴恒定压缩速率的试验结果来进一步提高强度衰减函数的精度，进而分析其对应力应变发展规律的影响。

5.2.1 强度衰减函数的修正与验证

本节所采使用的试验研究对象为标准砂，其基本物性参数如表 5.1 所示。冻结砂样的制样方法及是样的干密度和含水量均与 5.1 节相同，这里不再赘述。对于三轴蠕变和压缩试验，仅将带有橡胶膜的样品放入压力容器中。在温度为 $-2.0℃$ 和 $-5.0℃$ 两种温度条件下开展 K_0 逐级加载试验、三轴压缩和蠕变试验。在每个温度下，对 K_0 压缩试验施加 8 级荷载，分别为 0.2MPa、0.4MPa、0.8MPa、1.6MPa、2.0MPa、3.0MPa、4.0MPa、5.0MPa，每级持续时间为 8h；对于三轴压缩试验，在相同围压条件下，开展四种不同轴向应变速率 $1.0 \times 10^{-2} min^{-1}$、$1.0 \times 10^{-3} min^{-1}$、$9.6 \times 10^{-5} min^{-1}$ 和 $8.0 \times 10^{-6} min^{-1}$ 的压缩试验；对于三轴蠕变试验，施加 4 级轴向压力。所有三轴蠕变和压缩试验的围压均控制在 0.5MPa。表 5.4 中列出了试验获取的蠕变模型参数，其中参数 a、b、c、τ_1 和 p_0 是从 K_0 获取，具体方法如 5.1.1 节所示。对于内摩擦角，是根据 Ma 等（2016）在轴向应变速率 $1.0 \times 10^{-2} min^{-1}$ 条件下的三轴压缩试验结果得出的。对于强度衰减参数 m 和 n，是基于上述蠕变试验得到的。

表 5.4 模型 基 本 参 数

温度/℃	a	b	c	τ_1/min	p_0/MPa	M /(MPa·min^{-1})	n	φ/(°)	ν
-2.0	0.00010	0.0062	0.0020	480	0.45	5.625	-0.050	14	0.3
-5.0	0.00003	0.0055	0.0015	480	0.99	7.450	-0.048	19	0.3

图 5.11 是两种温度条件下，不同轴向应变速率条件下得到的应力-应变的试验和计算结果。从试验结果可以发现，在不同的应变速率下，所有的偏应力首先随着轴向应变的增加而增加，这是应变硬化的过程；接近峰值后，应力随之降低，这是应变软化的过程。将试验结果与计算结果进行比较，可以发现，计算结果合理地反映了不同应变速率下从应变硬化到软化的变化趋势，这表明考虑强度衰减的速率相关模型可以捕捉冻土的应力发展，但计算结果与试验结果间存在较大偏差（图 5.11）。这主要是在强度衰减函数获取方法存在误差所致。如图 5.12 所示，在以往的蠕变破坏时间确定方法中，将蠕变应变速率-时间曲线上应变率接近其最小值的时间定义为蠕变破坏时间。以 $-5.0℃$ 条件下轴压为 5.8MPa 的蠕变速率曲线为例进行说明。从图 5.12 可以看出，应变速率在相当长的时间内保持在最小值附近。因此，获得的蠕变破坏时间是在一个很大的范围内。这将导致强度衰减曲线在一个很大的范围内发生变化（图 5.13）。在以往的研究工作中，通常将蠕变破坏时间取为最小应变速率范围内的时间的中点（Fish，1980；Vyalov，1986），显然这种蠕变破坏时间存在较大的误差，因而计算结果远小于试验结果（图 5.11）。

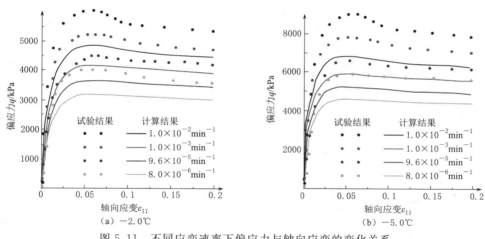

图 5.11　不同应变速率下偏应力与轴向应变的变化关系

　　如上所述，由于使用蠕变试验结果获取蠕变破坏时间存在估计的误差，这种方法往往会过低地估计强度衰减函数。考虑到蠕变和恒应变速率压缩试验结果之间存在的内在联系，使用恒应变速率试验结果有可能进一步提高强度衰减函数的准确性。如图 5.11 所示，冻土的强度通常是在不同应变率下的应力应变空间中进行分析和获取的。当应力应变曲线上的应变转换为时间时，则可以得到更多的试验信息，如图

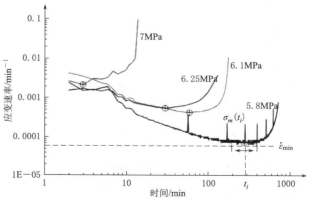

图 5.12　不同轴压下蠕变应变速率与时间之间的关系（$-5.0℃$）

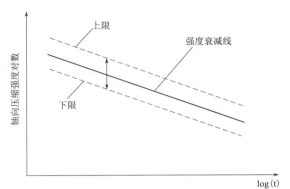

图 5.13　蠕变破坏时间估计误差引起的强度
衰减线的变化

5.14 所示。从图 5.14 可以看出,不同应变速率下各试验曲线上的峰值(压缩强度)随时间的推移而降低。同时,这些峰值通常位于这些曲线的包络线上。将该包络线与蠕变试验得到的强度衰减线进行比较时,可以发现它们是彼此平行的,这表明冻土的强度衰减是其固有特性,也可以从恒定应变率试验结果中获得相应的强度衰减函数。两种试验得到的衰减函数的区别在于,恒定压缩速率试验得到的强度衰减线高于蠕变试验得到的强度衰减曲线。根据不同压缩速率条件下峰值强度的包络线可以拟合得到强度衰减参数 m 和 n,如表 5.5 所示。从表 5.5 可以看出,m 的值高于蠕变试验所得的数值,但 n 的值没有变化(表 5.4 和表 5.5)。采用恒定压缩速率的试验结果对强度衰减参数进行修正后,从图 5.15 可以看出,不同压缩速率条件下的应力计算精度得到了大幅提升,计算结果与试验结果吻合较好。这表明,用三轴恒应压缩速率试验结果修正强度衰减函数后,5.1 节提出的率相关冻土蠕变模型的应力–应变发展计算精度可以得到进一步提升。

表 5.5　采用压缩试验获取的强度衰减函数参数

温度/℃	m/(MPa·min^{-1})	n
−2.0	6.83	−0.050
−5.0	9.65	−0.048

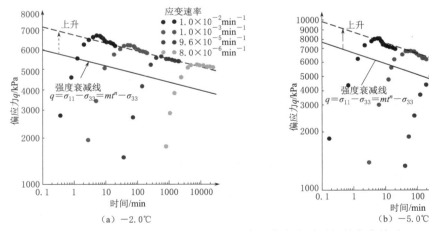

图 5.14　不同应变速率下偏应力随时间的变化关系

5.2.2　强度衰减对应力发展规律的影响分析

以 −2.0℃ 条件下轴向应变速率为 $1.0 \times 10^{-2} \text{min}^{-1}$ 和 $8.0 \times 10^{-6} \text{min}^{-1}$ 的计算结果为例,分析强度衰减对应力发展规律的影响。如图 5.16(a)和图 5.17(a)所示,将修正后的强度衰减曲线与应力–时间曲线绘制在同一图幅内。对于不同应变速率的两种情况

［图 5.16（a）和图 5.17（a）］，偏应力的发展可分为两个不同的应力发展阶段，即增加和减小阶段。从图 5.16（a）和图 5.17（a）可以发现，偏应力的峰值与强度衰减曲线是基本重合的。在不同应变速率下，偏应力接近峰值之前，它们是低于强度衰减线的，且在不断增加；在接近峰值后，偏应力随强度衰减线一起减小。这表明应变硬化或软化过程取决于应力和强度衰减线之间的相对位置。如 5.1.3 节所述，当考虑强度衰减时，破坏线（$q=Mp'$）随着时间的推移不断下降。因此，随着应力状态点与强度包络线在 p-q 空间［图 5.16（b）和图 5.17（b）］的相对位置持续减小，在 $t_1 < t_2$ 的初始加载过程中，应力点低于强度包络线。根据 5.1 节提出的率相关蠕变模型的硬化定律［式（5.5）］，应力随着应变的增加在这个阶段持续增加，这就是所谓的应变硬化过程；随着时间的增加，偏应力持续增大，强度包络线持续下降直到 t_2 时间点，此时偏应力点与强度包络线重合，并接近其峰值［图 5.16（a）和图 5.17（a）］；之后（从 t_2 到 t_3）偏应力随强度包络线一起下降，即随着应变的增加而降低（图 5.15），这是应变软化过程。从以上分析可以得出结论，在不同的恒定应变率下，应力（应变硬化或软化）的不同发展趋势取决于 p-q 空间内强度包络线与应力状态点的相对位置。

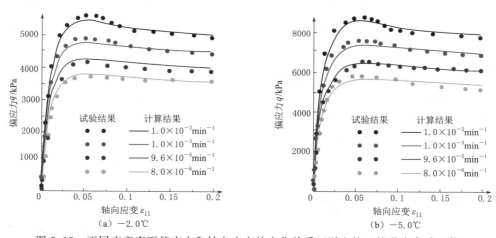

图 5.15　不同应变率下偏应力和轴向应变的变化关系（引入校正的强度衰减函数）

通过前面的论述可以发现，偏应力在接近峰值后的减小趋势遵循强度衰减规律。为便于详细说明，此处将增加阶段的应力增加率定义为 q_{peak}/t_2，减少阶段的应力减少率（应变软化度）定义为 $|q(t_3)-q(t_2)|/(t_3-t_2)$［图 5.16（a）和图 5.17（a）］。可以看出，应力增加率和减少率均与施加的应变率成比例相关（表 5.6）。在 $1.0 \times 10^{-2}\,\text{min}^{-1}$ 的高应变速率下，偏应力在短时间内（5min）增加到峰值，然后从 t_2 到 t_3 时刻，以 $1.1 \times 10\,\text{kPa/min}$ 的速率降低，强度下降率几乎相同，约为 $0.7 \times 10^1\,\text{kPa/min}$；在 $8.0 \times 10^{-6}\,\text{min}^{-1}$ 的较低应变速率下，偏应力在相当长的时间内（超过 7000min）缓慢增加至峰值，随后从 t_2 到 t_3 时刻，以相同的下降速率 $8.0 \times 10^{-3}\,\text{kPa/min}$ 降低。也就是说，应力降低率（应变软化度）取决于施加的应变率和强度衰减规律。在较高的应变速率下，偏应力会在短时间内接近峰值。根据强度衰减的变化规律［式（5.1）］，短时间加载后，应力急剧降低，在高应变率条件下可以观察到明显的应变软化（图 5.15）；在低应变率下，应力以相当低的速率增加

（表 5.6），需要很长时间才能接近峰值。经过如此长的时间后，强度以极低的值衰减。因此，在低应变速率加载条件下，应变软化现象不如高应变速率显著（图 5.15）。以此类推，对于足够低的应变率，偏应力以极低的速率增加，三轴试验条件下，在较大的轴向应变和时间范围内，偏应力无法接近强度衰减线。相应地，通过试验结果仅能观察到应变硬化过程。

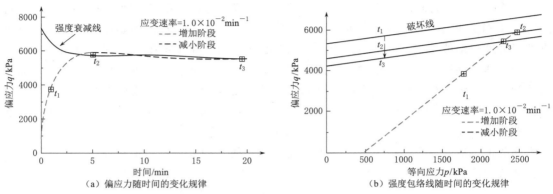

（a）偏应力随时间的变化规律　　　　　　（b）强度包络线随时间的变化规律

图 5.16　偏应力和强度包络线随时间的变化规律（应变速率为 $1.0 \times 10^{-2} \, \mathrm{min}^{-1}$）

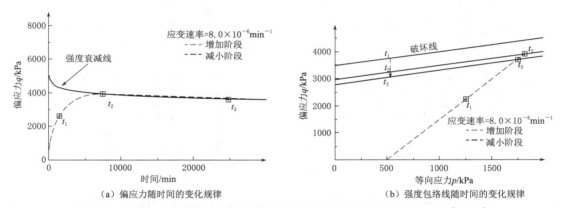

（a）偏应力随时间的变化规律　　　　　　（b）强度包络线随时间的变化规律

图 5.17　偏应力和强度包络线随时间的变化规律（应变速率为 $8.0 \times 10^{-6} \, \mathrm{min}^{-1}$）

表 5.6　　　　　　　　不同应变率下的偏应力和压缩强度变化率（kPa／min）

应　变　率/min^{-1}		1.0×10^{-2}	8.0×10^{-6}
偏应力	增长率	1200	0.6
	下降率	1.1	0.008
压缩强度	下降率	0.7	0.008

5.3　考虑抛物线型强度衰减准则的率相关本构模型

5.3.1　时间相关的抛物线型强度衰减准则的引入

根据以往的研究工作（Fish，1991；马巍等，1994），在 p-q 空间内一定温度下，可以采用的时间相关的抛物强度包络线（PSE）来表征冻土在较大范围内的强度准则：

$$q = A(t) + Bp - \frac{B}{2p_m}p^2 \tag{5.6}$$

式中：$A(t)$ 为强度包络线在 q 轴上的截距；B 为 $p=0$ 时强度包络线的斜率；p_m 为包络线接近其最大值时 p 的值。在式（5.6）中，参数 $A(t)$ 随时间持续减小，而其他参数随时间保持不变。也就是说，不同时间的强度包络线是几何相似的。强度包络线的斜率是等向应力 p 的函数，其中 $A(t)$ 为 p-q 空间内的黏聚力。时间相关抛物线型强度包络线的参数确定将在后续章节中详细介绍。

正如式（3.11）中所述，当将时间相关的 PSE 引入速率相关模型时，等效应力 p_{eq} 必须通过当前应力状态（p，q）下的强度包络线的斜率（M）来确定。然而，式（3.11）在软土蠕变模型中是针对恒定的强度包络线斜率情况提出的，即直线型的强度包络线。当采用 PSE 时，强度包络线斜率与应力有关，即

$$M = \frac{\mathrm{d}q}{\mathrm{d}p} = B\left(1 - \frac{p}{p_m}\right) \tag{5.7}$$

显然，抛物线型强度包络线不能直接引入软土蠕变模型。根据采用直线性强度包络线和椭圆屈服面获得 p_{eq} 的几何原理（Vermeer 和 Neher，1999），p_{eq} 可以通过 PSE 与给定应力状态（p，q）交点处的切线斜率来确定。如图 5.18 所示，对于通过应力状态点（p，q）的椭圆屈服面，沿 p 轴与 PSE 的交点在 p_i 处 PSE 的切斜率为

$$M = \frac{\mathrm{d}q}{\mathrm{d}p} = B\left(1 - \frac{p_i}{p_m}\right) \tag{5.8}$$

其中，过椭圆屈服面和强度包络线交点的切线在 p 轴上的交点是椭圆屈服面长轴的左边点（$-L$，0），L 表示为

$$L = \frac{A(t) + \frac{B}{2p_m}p_i}{B\left(1 - \frac{p_i}{p_m}\right)} \tag{5.9}$$

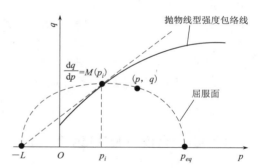

图 5.18 抛物线型强度包络线和椭圆屈服面示意图

而椭圆长轴的右边点为（p_{eq}，0），其中，

$$p_{eq} = L + 2p_i \tag{5.10}$$

将式（5.8）和式（5.9）代入式（3.11）后可得

$$L + 2p_i = p' + \frac{q^2}{B^2\left(1 - \frac{p_i}{p_m}\right)^2 p'} \tag{5.11}$$

其中，$p' = p + L$，式（5.11）可以进一步写成

$$p_i = \frac{1}{2}\left[p + \frac{q^2}{B\left(1 - \frac{p_i}{p_m}\right)\left(pB\left(1 - \frac{p_i}{p_m}\right) + A(t) + \frac{B}{2p_m}p_i\right)}\right] \tag{5.12}$$

使用式（5.12）确定 p_i 后，抛物线型强度包络线的斜率以及塑性势函数（p_{eq}）都是时间和应力状态相关的，这是与采用直线型强度包络线最大的不同。

如式（5.6）～式（5.12）所示，p_i 的确定是将时间相关抛物线型强度包络线引入软土蠕变模型的关键。考虑到式（5.12）的复杂性，使用该式极难得到其解析解。这里采用数值二分法得到式（5.12）中 p_i 的数值解。把式（5.12）的左项移到右边，可以得到一个新的函数：

$$f(p_i) = \frac{1}{2}\left[p + \frac{q^2}{B\left(1 - \dfrac{p_i}{p_m}\right)\left(pB\left(1 - \dfrac{p_i}{p_m}\right) + A(t) + \dfrac{B}{2p_m}p_i\right)} \right] - p_i \tag{5.13}$$

数值上，式（5.12）的解是 $f(p_i) = 0$ 的根。假设根 p_i^* 的取值范围在 $[m, n]$ 内，并且 $p_{i0} = (m + n)/2$。如果 $f(p_{i0})f(m) > 0$，则表示 p_i^* 在 p_{i0} 的右边，设 $m_1 = p_{i0}$ 和 $n_1 = n$；同时，令 $m_1 = m$，$n_1 = p_{i0}$，则可以得到根的一个新的取值范围 $[m_1, n_1]$，它的长度等于区间 $[m, n]$ 长度的一半。重复 k 步后，根取值范围为

$$m_k - n_k = (m - n)/2^k \tag{5.14}$$

理论上，p_i^* 根可以表示为

$$p_i^* = \lim_{k \to \infty} \frac{m_k + n_k}{2} \tag{5.15}$$

5.3.2　三轴压缩条件下的模型数值实现

在轴向应变速率（D）恒定的三轴压缩条件下，D 可以表示为

$$D = \dot{\varepsilon}_{11} = \dot{\varepsilon}_{11}^e + \dot{\varepsilon}_{11}^{vp} \tag{5.16}$$

其中，轴向弹性应变率为

$$\dot{\varepsilon}_{11}^e = \frac{\xi \dot{p}}{p}\left(1 + 2\zeta \frac{\dot{q}}{\dot{p}}\right) \tag{5.17}$$

其中，$\zeta = (1 + \nu)/3(1 - \nu)$，$\xi = 3a(1 - \nu)/(1 + \nu)$，$\nu$ 为泊松比。

由式（3.9），轴向黏性-塑性应变速率为

$$\dot{\varepsilon}_{11}^{vp} = \frac{1}{\beta}\frac{c}{\tau_1}\left(\frac{p_{eq}}{p_c}\right)^{(b - \xi)/c}\frac{\partial p_{eq}}{\partial \sigma_{11}} \tag{5.18}$$

在恒定围压和轴向应变速率条件下

$$\dot{\sigma}_{22} = \dot{\sigma}_{33} = 0 \tag{5.19}$$

$$3\dot{p} = \dot{q} = \dot{\sigma}_{11} \tag{5.20}$$

由式（5.16）～式（5.20），轴向应力率可表示为

$$\dot{\sigma}_{11} = \frac{p}{\xi(1 + 6\zeta)}\left[D - \frac{1}{\beta}\frac{c}{\tau_1}\left(\frac{p_{eq}}{p_c}\right)^{(b - \xi)/c}\frac{\partial p_{eq}}{\partial p_{11}} \right] \tag{5.21}$$

在三轴压缩条件下，上述加载过程在初始时刻 t_0，$q(t_0) = 0$ 和 $p(t_0) = 3\sigma_{33}$（$\sigma_{11} = \sigma_{22} = \sigma_{33}$）为等向应力状态。由式（5.11）可知，$p_i(t_0)$ 等于 $p/2$，而 $M(t_0)$ 和 $p_{eq}(t_0)$ 在 t_0 时刻的值可表示为

$$M(t_0) = B\left(1 - \frac{3\sigma_{33}}{2p_m}\right) \tag{5.22}$$

$$p_{eq}(t_0) = p' = 3\sigma_{33} + \frac{A(t_0) + \dfrac{3\sigma_{33}B}{4p_m}}{B\left(1 - \dfrac{3\sigma_{33}B}{2p_m}\right)} \tag{5.23}$$

由式（5.21）～式（5.23），$\Delta\sigma_{11}(t_0)$ 可表示为

$$\Delta\sigma_{11}(t_0) = \dot{\sigma}_{11}\Delta t = \frac{p(t_0)}{\xi(1+6\zeta)}\left[D - \frac{1}{\beta}\frac{c}{\tau_1}\left(\frac{p_{eq}(t_0)}{p_c}\right)^{(b-\xi)/c}\frac{\partial p_{eq}(t_0)}{\partial p_{11}}\right]\Delta t \tag{5.24}$$

相应地，在一个时间步长 Δt 之后，

$$p(t_0+\Delta t) = p(t_0) + \Delta p(t_0) = \sigma_{33} + \frac{1}{3}\Delta\sigma_{11}(t_0) \tag{5.25}$$

$$q(t_0+\Delta t) = q(t_0) + \Delta q(t_0) = \Delta\sigma_{11}(t_0) \tag{5.26}$$

此处，$t_0+\Delta t$ 时刻的 p 和 q 用式（5.25）和式（5.26）计算。接下来，在式（5.12）中的 $p_i(t_0+\Delta t)$ 可以用 5.3.1 节中的二分法来确定。式（5.13）在 $t_0+\Delta t$ 时刻可以表示为

$$f(p_i(t_0+\Delta t)) = \frac{1}{2}\left\{p(t_0+\Delta t) + \frac{q^2(t_0+\Delta t)}{B\left(1-\frac{p_i(t_0+\Delta t)}{p_m}\right)\left[p(t_0+\Delta t)B\left(1-\frac{p_i(t_0+\Delta t)}{p_m}\right)+A(t_0+\Delta t)+\frac{B}{2p_m}p_i(t_0+\Delta t)\right]}\right\}$$
$$- p_i(t_0+\Delta t) \tag{5.27}$$

如 5.3.1 节所述，式（5.12）的根的初始范围对于获得其准确的根至关重要。正如式（5.11）中所示，p_i 在 t_0 时刻等于 $p/2$，在较短的一段时间后并不会增加太多。因此，p_i 在 $t_0+\Delta t$ 处的初始根的取值范围可以指定为 $[p_i(t_0)，p_i(t_0)+0.5\Delta p(t_0)]$。根据实际计算，该初始根的范围对于确定 $p_i(t_0+\Delta t)$ 的根是有效的，迭代计算经过 5～10 步后就会收敛，足以保证计算精度。用二分法确定 $p_i(t_0+\Delta t)$ 后，可以根据式（5.22）和式（5.23）计算出 $M(t_0+\Delta t)$ 和 $p_{eq}(t_0+\Delta t)$ 分别为

$$M(t_0+\Delta t) = B\left(1-\frac{p_i(t_0+\Delta t)}{p_m}\right) \tag{5.28}$$

$$p_{eq}(t_0+\Delta t) = p'(t_0+\Delta t) + \frac{q^2(t_0+\Delta t)}{M^2(t_0+\Delta t)p'(t_0+\Delta t)} \tag{5.29}$$

式（5.29）中，

$$p'(t_0+\Delta t) = p(t_0+\Delta t) + L(t_0+\Delta t) \tag{5.30}$$

此处，令 $t_0 = t_0+\Delta t$，可以用式（5.24）计算下一时刻的轴向应力增量值。重复使用式（5.16）～式（5.30）的计算过程，可以逐步得到三轴恒定压缩速率条件下的轴向应力发展过程。

5.3.3 模型参数确定及模型验证

仍然以 5.1 节中采用的标准砂为试验对象，$-5.0\,^\circ\text{C}$ 条件下开展四种不同轴向应变率 $1.0\%\cdot\text{min}^{-1}$、$0.1\%\cdot\text{min}^{-1}$、$0.0096\%\cdot\text{min}^{-1}$、$0.0008\%\cdot\text{min}^{-1}$ 的三轴压缩试验；在轴向应变速率为 $1.0\%\cdot\text{min}^{-1}$ 条件下，采用四种不同的围压，即 0.5MPa、2.0MPa、5.0MPa、10.0MPa；对于其他轴向应变速率的三组试验，分别采用两种不同的围压条件，2.0MPa 和 5.0MPa。试样物性参数和具体试验条件见表 5.7。对于冻土，不同时间或应变速率下的时间相关的强度包络线几何相似（Fish，1991；Ma 等，1994）。也就是说，在相同的应变速率和不同的围压条件下，通过一组试验结果，可以得到 PSE 的形状参数（B 和 p_m）。此处，用应变速率为 $1.0\%\cdot\text{min}^{-1}$ 时的试验结果来测定 B 和 p_m。根据以往的研究，在 p-q 空间和相同的应变速率下，可以直接得到不同围压下 p-q 空间的强度包络线（Roscoe 和 Borland，1968）。如图 5.19 所示，这些曲线在不同围压条件下的峰值都在强度

包络线上。通过曲线拟合，得到的强度参数 B 和 p_m 如表 5.8 所示。确定 PSE 形状参数（B 和 p_m）之后，在不同的应变率和相同的围压条件下，可以通过试验结果来确定 PSE 在 q 轴上的截距 $A(t)$。此处，采用 2.0MPa 围压以及不同应变率下的试验结果说明 $A(t)$ 的获取方法。如图 5.20 所示，当将不同应变率下的试验结果放在一个图中时，可以看出，不同应变速率下的偏差应力 q_i 的峰值随时间的推移而减小。q_i 的峰值处的时间为破坏时间 t_i（$i=1$、2、3 和 4）。在 p-q 空间中，由不同的时间（t_i）或应变率的峰值决定应力状态（p_i、q_i）。相应地，利用形状参数（B 和 p_m）以及式（5.6），可以计算出不同时刻下的（p_i，q_i）对应的 $A(t_i)$。

表 5.7　　　　　　　　　　　　　　　试样物性参数和试验条件

应变速率/(% · min⁻¹)	围压/MPa	干容重/(kN · m⁻³)	含水率/%
1.0	0.5	17.8	16.2
	2.0	17.4	16.5
	5.0	17.6	16.4
	10.0	17.7	16.6
0.1	2.0	17.5	16.4
	5.0	17.3	16.8
0.0096	2.0	17.7	16.3
	5.0	17.6	16.6
0.0008	2.0	17.4	16.5
	5.0	17.6	16.7

表 5.8　　　　　　　　　　　　　　　与时间相关的 PSE 参数

B	p_m/MPa	χ（MPa · min⁻¹）	μ
1.45	16.3	3.30	-0.047

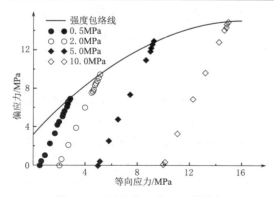

图 5.19　PSE 的 B 和 p_m 的测定

（应变速率为 1.0% · min⁻¹）

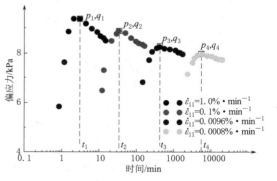

图 5.20　不同应变速率下的峰值应力和破坏时间的测定（围压为 2MPa）

经数据拟合后，确定 $A(t)$ 的时间函数为

$$A(t) = \chi t^{\mu}$$

（5.31）

式中：χ 和 μ 的值见表 5.8。除强度参数外，还需要确定其他 5 个基本模型参数，即 a、b、c、τ_1 和 p_0，由 K_0 压缩试验结果得到。$-5.0\,^{\circ}\mathrm{C}$ 条件下基本模型参数的获取方法与 5.1.1 节相同，所获取的具体参数见表 5.9。

表 5.9   基 本 模 型 参 数

a	b	c	$\tau_1/\min$	p_0/MPa
0.00003	0.0055	0.0015	480	0.99

利用表 5.8 和表 5.9 中的模型参数，计算得到不同应变率和围压下的偏应力发展规律，如图 5.21 和图 5.22 所示。从试验结果，可以观察到不同加载速率条件下存在的应变硬化和软化过程。其中，应变硬化过程是指偏应力随轴向应变的增大而增大，而应变软化过程则是指偏应力随轴向应变的增大而减小的过程。在低围压或高应变率条件之下，偏应力在达到峰值后表现出明显的应变软化变化趋势，如图 5.21 中围压为 0.5MPa 和 2.0MPa 的试验结果；随着围压的增加或应变率的降低，应变软化现象逐渐消失，通过试验结果仅能观察到应变硬化过程，如图 5.21 中，围压在 5.0MPa 和 10.0MPa 下、应变速率为 0.1% · $\min^{-1}$、0.0096% · $\min^{-1}$、0.0008% · $\min^{-1}$ 的情况。可以看出，在低

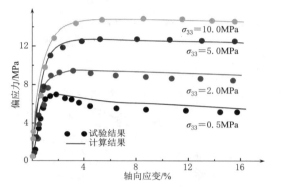

图 5.21   在不同围压下偏应力与轴向应变的变化关系（轴向应变速率为 1.0% · $\min^{-1}$）

围压和高应变速率条件下 [0.5MPa 和 2.0MPa、1.0% · $\min^{-1}$（图 5.23）] 出现明显的应变软化趋势时，计算结果与试验结果差异较小。在将冻土力学的理论计算结果与试验结果进行比较时，基于土样是均匀的这一基本假设，土样的试验结果可以用来表征土体微观单元的力学行为。根据之前的实验研究工作（Yao 等，2018b），在压缩条件下，在偏应力发展过程中，冻土试样经历了从均匀（应变硬化）到非均匀（应变软化）的变化过程。仅出现应变硬化过程的试验结果可以用来表示冻土试验的单元力学行为；而对于较小围压和较高应变速率条件下出现应变硬化和软化两种情况的，试验结果无法真正代表土样的单元力学行为。这是由于样品中发生应变软化时应变局部化引起的不均匀性造成的。这是大多数理论在描述低围压或高应变速率条件下土体单元力学行为时存在较小差异的原因。尽管在应变软化情况下，本书修正模型的计算结果与试验结果存在一定的差异，但总体上，本节对软土蠕变模型进行修正得到的考虑抛物线型强度衰减准则的率相关理论模型的计算结果与试验结果有较好的一致性。如图 5.21 和图 5.22 所示，在应变硬化阶段，偏应力的增加速率以及所达到的峰值与不同围压下的应变速率正相关。经修正后的理论模型可以合理地描述不同应变速率下偏应力的发展趋势。当图 5.21 和图 5.22 中不同围压和应变速率条件下偏应力的峰值及其对应的等向应力转换到 p-q 空间（图 5.23）时，它们的数值代表的是强度包络线的位置。也就是说，在不同的围压和应变速率下，计算得到的强度包络与偏应力的峰值吻合较好。本节在软土蠕变模型中引入的时间相关的抛物线型强度衰减准

则，在描述三轴状态下土体偏应力达到峰值前的应变硬化率相关力学行为方面是适用的。

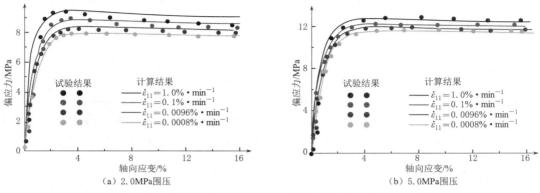

图 5.22　不同应变速率下偏应力与轴向应变的变化关系

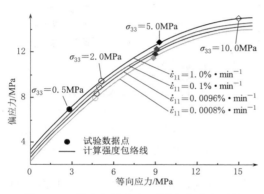

图 5.23　强度包络线与不同应变速率下的
偏应力峰值对应关系

根据 5.3.1 节中的软土蠕变模型的理论修正工作，在将抛物线型强度衰减准则引入后，式（5.6）中的黏聚力函数 $A(t)$ 随着时间的推移而衰减，这将进一步引起包络线位置的持续降低［式（5.6）和图 5.23］；强度包络线（M）的斜率随应力状态的发展而不断变化，塑性势函数 p_{eq} 也变为时间相关的函数［式（5.11）］。相应地，根据式（5.11），屈服面的形状在加载过程中不断变化。在图 5.24 和图 5.25 中，采用三轴恒定应变速率下的计算结果可以更清晰地说明强度包络线和屈服面的发展过程。从图 5.24

中可以看出，在加载过程的初始阶段（$t_1 < t_2$），强度包络线位置高于应力状态点（p_1，q_1），土样处于应变硬化状态。在这一阶段，强度包络线位置不断降低，应力状态接近包络线，椭圆屈服面竖轴与水平轴的比值（R）持续减小（图 5.25），其中 R 表示为

$$R = \frac{A(t) + Bp_i\left(1 - \dfrac{p_i}{2p_m}\right)}{p_{eq} - p_i} \qquad (5.32)$$

其中，椭圆屈服面的纵轴由抛物线型强度衰减准则［式（5.11）］确定，横轴由 p_{eq}［式（5.10）］确定。当时间到达 t_2 时，应力状态点（p_2、q_2）与包络线重合，接近峰值，相应的 R 相应减小至最低点（图 5.25）。之后，应力状态点随强度包络线的降低而持续减小，R 随时间增大。如式（5.32）所示，R 是时间 t 和 p_i 的函数，其中 p_i 的值主要受应力状态（p，q）和式（5.11）的发展控制。显然，将抛物线型强度衰减准则引入软土蠕变模型时，R 的发展趋势如图 5.25 所示，这是时间和应力状态共同影响的结果［式（5.32）］。很显然这与时间无关的位置恒定的强度包络线的情况是不同的，其中 R 在加载过程中是一个常数。

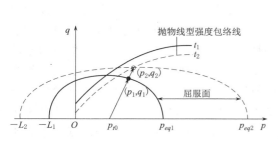

图 5.24 强度包络线和屈服面的演化过程

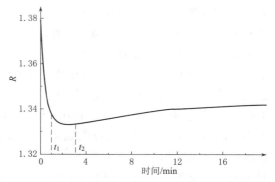

图 5.25 加载过程中 R 的发展（在 2.0MPa 围压和 $1.0\% \cdot \text{min}^{-1}$ 应变速率下的计算结果）

如上所述，通过对比分析计算结果与试验结果，验证了本节提出的考虑抛物线型强度衰减准则的率相关本构模型的适用性。将抛物线型强度衰减准则引入后，椭圆屈服面的形状也是与时间和应力相关的。在本节中使用的围压压力和应变速率范围内，这一模型可以合理地描述不同围压和应变速率条件下冻结砂土的率相关力学行为。

5.4 冻土静止侧压力系数的影响因素

土的静止土侧压力系数（K_0）是确定岩土工程地层水平应力状态的重要参数。K_0 最初被定义为总侧向应力和竖向应力之间的比值，用以计算挡土结构的静止侧向土压力（Terzaghi，1920）。Bishop（1958）通过考虑侧向应变为零的固结试验结果，将 K_0 定义为有效侧向和竖向应力的比值。Anduawes 和 EI - Sohby（1973）进一步将 K_0 定义为侧向应变为零条件下，有效应力增量的比值，这些土体静止侧压力系数的定义目前已得到了业界的广泛应用。

目前，研究者已经提出了大量通过试验来计算融土 K_0 值的经验关系。总的来说，土体的有效内摩擦与 K_0 有着密切的关系。基于这一认识，研究者提出了计算正常固结状态下不同土体 K_0 的经验关系（Jaky，1948；Brooker and Ireland，1965；Mayne and Kulhawy，1982；Simpson，1992）。对于超固结土，先前的研究表明，K_0 是过固结比的幂函数（Brooker and Ireland，1965；Mayne and Kulhawy，1982；Hayashi 等，2012；Grønbech 等，2016）。除此之外，研究者还发现 K_0 依赖于土体的某些物理参数，如细粒土的塑性指数（Alpan，1967；Lacasse 和 Lunne，1982；Muir，1990）。同时，在 K_0 为常数的假设前提之下，研究者基于临界状态理论推导出 K_0 的理论表达式（Schofield 和 Wroth，1968；Roscoe 和 Burland，1968；Muir，1990；Federico 等，2009）。理论分析结果表明，K_0 与临界状态线的斜率（由有效内摩擦角决定）、泊松比以及弹性和塑性压缩系数有关。

上述 K_0 的经验关系和理论表达式均假设 K_0 与应力状态无关，因此是一个常数。根据大量后续研究结果，这一假设仅在低应力水平下是适用的（Xu 等，2009；Zhao 等，2010）。当有效应力增加到相当高的水平时，K_0 实际上与有效应力呈非线性增加的趋势。

Yamamuro 等（1996）发现，在较高的高应力水平下，土体中会发生颗粒的挤压，从而促进塑性流动，从而导致 K_0 的非线性增加。Tian 等（2009）和 Xu 等（2009）也发现了类似试验现象。为了描述这一过程，Zhao 等（2010）提出了 K_0 与孔隙比之间的半经验关系。Guo（2010）在取消 K_0 为常数假设的情况下，基于亚塑性本构关系推导出了 K_0 的表达式。通过对砂试验结果的分析表明，基于亚塑性理论的 K_0 表达式可以反映应力水平的影响。基于超弹性理论模型，Shang 和 Zhou（2011）进一步推导出了 K_0 的表达式。结果表明，在取消 K_0 为常数假设限制后，可以合理地描述黏土中 K_0 随应力水平增加的非线性增长规律。现阶段，融土中针对 K_0 的理论和试验研究工作已趋近于完善，而涉及冻土的研究工作则鲜有报道。现有的试验工作表明，冻土的 K_0 系数同时依赖于温度和应力水平（Yao 等，2014），即 K_0 系数随应力和温度呈非线性变化。至于理论分析工作，目前尚无相关报道。

K_0 系数与强度参数（内摩擦角）和弹性、塑性压缩系数、蠕变系数等力学性能密切相关（Federico 等，2009；Guo，2010；Zhao 等，2011）。这些力学参数也与冻土的 K_0 系数密切相关。通过前面章节的试验研究和理论工作介绍可以发现，冻土与融土的强度特性完全不同，即强度包络线在等向应力和偏应力空间中是一系列开口向下的曲线。同时，冻土力学行为具有高度的率相关特性。这些均会导致冻土 K_0 系数完全不同于融土的变化规律。但通过试验方法很难考虑众多的影响因素。因而，可以在前面章节建立的率相关冻土本构模型基础上，进一步分析冻土各项力学指标对 K_0 系数发展规律的影响。

本节将以青藏粉质黏土为研究对象，分析不同温度下 K_0 系数随应力水平增长的发展规律。基于前面提出的率相关本构模型，推导冻土的 K_0 表达式。结合试验和计算结果，验证分析不同力学参数变化对其 K_0 系数的影响规律。

5.4.1　冻土的 K_0 系数理论公式

对于冻土，由于极低的透水性，在冻土力学试验中通常不考虑未冻水的排出或固结过程。因此，本节采用总应力分量来表示冻土的 K_0 系数：

$$K_0 = \frac{\sigma_h}{\sigma_v} \tag{5.33}$$

式中：σ_h 和 σ_v 分别为侧向和竖向应力。在三轴条件下，使用围压 σ_{33} 和轴向应力 σ_{11} 替代 σ_h 和 σ_v，K_0 进一步表示为

$$K_0 = \frac{\sigma_{33}}{\sigma_{11}} \tag{5.34}$$

考虑到 K_0 状态下的侧向应变为零的条件，则有

$$\varepsilon_{33} = \dot{\varepsilon}_{33} = 0 \tag{5.35}$$

在 5.3 节中，基于软土蠕变模型（DenHaan，1996；Vermeer 和 Neher，1999）提出了考虑抛物线型强度衰减准则的（TPSE）的冻土率相关本构模型。在该理论中，将总应变率（$\dot{\varepsilon}_{ij}$）分解为弹性应变速率（$\dot{\varepsilon}_{ij}^e$）和黏塑性应变速率（$\dot{\varepsilon}_{ij}^{vp}$）。因此，式（5.35）可以进一步写为

$$\dot{\varepsilon}_{33} = \dot{\varepsilon}_{33}^e + \dot{\varepsilon}_{33}^{vp} \tag{5.36}$$

土体的侧向弹性应变速率 $\dot{\varepsilon}_{33}^e$ 根据胡克定律计算得到。胡克定律在许多模型著作中均

有完整翔实的论述，关于这一理论的细节可以参考相关文献（Vermeer 和 Neher，1999；Ian 和 Tamsyn，2002）。这里简要介绍 $\dot{\varepsilon}_{33}^{e}$ 的表达式，以确保以下推导工作的完整性。在三轴条件下，式（5.36）表示为

$$\dot{\varepsilon}_{33}^{e} = \frac{\dot{p}(1-2\nu) - \dot{q}(1+\nu)/3}{E} \tag{5.37}$$

其中，ν 为泊松比，E 为杨氏模量；p 和 q 为等向应力和偏应力，即

$$\begin{cases} p = \dfrac{1}{3}(\sigma_{11} + 2\sigma_{33}) \\ q = \sigma_{11} - \sigma_{33} \end{cases} \tag{5.38}$$

根据修正 Cam-Clay 模型（Roscoe 和 Burland，1968；Wood，1990），杨氏模量（E）与等向应力的关系为

$$E = \frac{3}{\xi} p(1-2\nu) \tag{5.39}$$

式中：$\xi = 3a(1-\nu)/(1+\nu)$ 和 a 为弹性压缩系数，意义与 5.1 节相同。将式（5.39）代入式（5.37）可得

$$\dot{\varepsilon}_{33}^{e} = \frac{\xi \dot{p}}{3p} \left(1 - \zeta \frac{\dot{q}}{\dot{p}}\right) \tag{5.40}$$

式中：$\zeta = (1+\nu)/3(1-2\nu)$。在本节所采用的率相关本构模型中，侧向黏塑性变速率为

$$\dot{\varepsilon}_{33}^{vp} = \frac{c}{3\tau_1} \left(\frac{p_{eq}}{p_c}\right)^{(b-\xi)/c} \left(1 - \frac{\eta^2 + 3\eta}{m^2}\right) \tag{5.41}$$

其中

$$p_c = p_0 e^{\varepsilon_v^{vp}/(b-\xi)} \tag{5.42}$$

$$\eta = q/p' \tag{5.43}$$

在式（5.41）和式（5.43）中，ε_v^{vp} 为体积黏塑性应变；b 为塑性压缩系数，c 为蠕变速率系数；τ_1 为内变量参考时间；p_0 为初始等向前期固结压力。将等效应力 p_{eq} 作为塑性势函数：

$$p_{eq} = p' + \frac{q^2}{M^2 p'} \tag{5.44}$$

式中：M 为强度包络线的斜率；p' 为考虑到黏聚力衰减的等向应力，即

$$p' = p + \cot(\varphi) A(t) \tag{5.45}$$

式中：$A(t)$ 为黏聚力衰减函数；φ 为内摩擦角。在较大的应力范围内，采用抛物线型强度衰减准则

$$q = A(t) + Bp - \frac{B}{2p_m} p^2 \tag{5.46}$$

式中：B 为 $p=0$ 时强度包络线的斜率；p_m 为强度包络线接近其最大值时等向应力的值。根据式（5.46），强度包络线 M 的斜率和内摩擦角 φ 与应力有关，即

$$M = \frac{\mathrm{d}q}{\mathrm{d}p} = B\left(1 - \frac{p_i}{p_m}\right) \tag{5.47}$$

在三轴压缩条件下：

$$\varphi = \arcsin\left[\frac{3B(p_m - p_i)}{6p_m + B(p_m - p_i)}\right] \tag{5.48}$$

式中：p_i 为椭圆屈服面与抛物强度包络线的交点，其隐式表达式

$$p_i = \frac{1}{2}\left[p + \frac{q^2}{B\left(1 - \frac{p_i}{p_m}\right)\left(pB\left(1 - \frac{p_i}{p_m}\right) + A(t) + \frac{B}{2p_m}p_i\right)}\right] \tag{5.49}$$

通过 5.3 节已经介绍了使用二分法求取式（5.49）中 p_i 解的方法，然后使用式（5.47）和式（5.48）求取在 p_i 处的 M 和 φ 值。随后基于这两个参数的值使用式（5.41）计算黏塑性侧向应变。在 K_0 条件下将式（5.40）和式（5.41）代入式（5.36），则应力与应力率的关系为

$$\frac{\xi\dot{p}}{p}\left(1 - \zeta\frac{\dot{q}}{\dot{p}}\right) = -\frac{c}{\tau_1}\left(\frac{p_{eq}}{p_c}\right)^{(b-\xi)/c}\left(1 - \frac{\eta^2 + 3\eta}{M^2}\right) \tag{5.50}$$

其中，$h = q/p$ 若将 q/p 或 $\dot{q}/\dot{p}$ 假设为常数（Muir，1990；Federico 等，2009），由此推导出的 K_0 是与应力无关的。这一假设对低应力水平下的融土是适用的；但对于冻土，已有的试验结果已经证明这一假设是不适用的（Yao 等，2014）。因此，在下面的推导中取消这一假设。

当施加的轴向应力速率为常数，即 $\dot{\sigma}_{11} = N$，并将式（5.38）代入式（5.50），K_0 条件下的侧向应力率 $\dot{\sigma}_{33}$ 可以表示为

$$\dot{\sigma}_{33} = \left[\left(\zeta - \frac{1}{3}\right)N - \frac{pc}{\xi\tau_1}\left(\frac{p_{eq}}{p_c}\right)^{(b-\xi)/c}\left(1 - \frac{\eta^2 + 3\eta}{M^2}\right)\right]\bigg/\left(\frac{2}{3} + \zeta\right) \tag{5.51}$$

因此，在时间步长 Δt 后的轴向和侧向应力增量表示为

$$\Delta\sigma_{11} = N\Delta t \tag{5.52}$$

$$\Delta\sigma_{33} = \Delta t\left[\left(\zeta - \frac{1}{3}\right)N - \frac{pc}{\xi\tau_1}\left(\frac{p_{eq}}{p_c}\right)^{(b-\xi)/c}\left(1 - \frac{\eta^2 + 3\eta}{M^2}\right)\right]\bigg/\left(\frac{2}{3} + \zeta\right) \tag{5.53}$$

采用值初始时刻 t_0 时的竖向和横向应力，在 $t_0 + \Delta t$ 时的 K_0 表示为

$$K_0 = \frac{\sigma_{33}}{\sigma_{11}} = \frac{\sigma_{33}(t_0) + \Delta t\left[\left(\zeta - \frac{1}{3}\right)N - \frac{pc}{\xi\tau_1}\left(\frac{p_{eq}}{p_c}\right)^{(b-\xi)/c}\left(1 - \frac{\eta^2 + 3\eta}{M^2}\right)\bigg/\left(\frac{2}{3} + \zeta\right)\right]}{\sigma_{11}(t_0) + N\Delta t}$$

$$\tag{5.54}$$

从式（5.54）中可以发现，K_0 与压缩系数 $[\xi = 3a(1-\nu)/(1+\nu)$ 和 $b]$、蠕变速率系数（c）和应力状态（p_{eq} 和 η）间均存在密切联系。此外，强度包络斜率和黏聚力衰减的变化对应力状态的影响也是隐含包含在式（5.44）和式（5.46）中。也就是说，在加载过程中，K_0 的发展可能会受到冻土的所有模型参数和强度特性的影响，这是一个复杂且相互作用的过程。

5.4.2　试验程序和参数的确定

本节以青藏粉质黏土为试验对象，其颗粒级配曲线如图 2.13 所示。土壤的液体和塑性极限分别为 25.3% 和 12.9%。所有重塑土样的干重度控制在 1.71g/cm³。在 −1.0℃、−2.0℃、−5.0℃ 三种温度条件下开展共计四组三轴和 K_0 压缩试验。在三轴试验中，第

一组采用三轴压缩试验来测量 K_0 系数。该组的试验均在三轴装置上进行，如图 2.11 所示。在该仪器上，通过实时测量土体侧向应变来反馈调整围压，进而实现了土样始终处于 K_0 状态。有关该仪器的更多细节，详见 2.2.1 节的介绍。在加载过程中，轴向应力从小于 0 增加到 8.0MPa，应力速率为 50kPa/s。在各轴向应力水平下保持约束应力几分钟内恒定不变后，再将轴向应力增加到下一水平。利用测量的轴向应力和侧向应力，用式 (5.34) 计算得到 K_0 的试验结果。

另外两组三轴压缩试验也在同一装置上进行，以获得抛物线型强度衰减准则的相关参数。其方法与 5.3 节相同，即在不变的围压下，增加土体的轴向应力直至破坏；第二组试验对每个试样施加 0.5MPa、2.0MPa、5.0MPa、5.0MPa、10.0MPa 四种不同的侧向压力，轴向应变速率为 $1.0 \times 10^{-2}\,\mathrm{min}^{-1}$；第三组对每个试样施加三种不同的应变速率（$1.0 \times 10^{-2}\,\mathrm{min}^{-1}$、$1.0 \times 10^{-3}\,\mathrm{min}^{-1}$、$9.6 \times 10^{-5}\,\mathrm{min}^{-1}$），侧向为 0.5MPa。对于应变速率为 $1.0 \times 10^{-2}\,\mathrm{min}^{-1}$ 和侧向压力下的三轴压缩试验结果，通过拟合 $p-q$ 空间的峰值强度，得到不同温度下的抛物线型强度包络线（图 5.26）。相应地，通过强度包络线确定的式（5.46）中 B 和 p_m 的值如表 5.10 所示。黏聚力衰减函数 $A(t)$ 的相关参数通过拟合 0.5MPa 侧向压力条件下的三轴压缩试验结果确定（图 5.27），这两个参数的值见表 5.10。

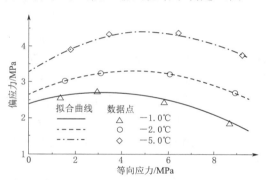

图 5.26 在不同温度下（应变速率为 1.0×10^{-2}/min）的强度包络线拟合曲线

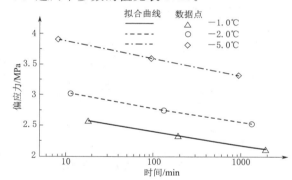

图 5.27 不同应变速率（0.5MPa 侧向压力）下的压缩强度衰减拟合曲线

表 5.10　　　　　　　　　　　　　抛物线型强度衰减准则参数

温度/℃	B	p_m/MPa	χ/(MPa·min^{-1})	μ
-1.0	0.1219	3.25	2.7	-0.044
-2.0	0.2907	4.53	2.9	-0.039
-5.0	0.4213	5.37	3.5	-0.035

通过反馈调整侧向压力的方法能够实现土样处于侧向应变为零的 K_0 状态。这种试验方法能够测量 K_0 系数，但试验条件不适合获得 K_0 逐级加载条件下的下的轴向应力-应变曲线。在测量 K_0 系数的加载过程中，虽然侧向应变在极小的范围内波动（Yao 等，2014），但这将大大降低轴向应力-应变曲线的可靠性。因此，在相应的温度下进行了第四组常规的 K_0 压缩试验，得到了式（5.41）中的其他基本模型参数 a、b、c、p_0 和 τ_1。这里开展的逐级 K_0 加载试样是将土样放入钢质试样模具中，以保证加载过程中的 K_0 状态，

采用 6 级轴向加载应力，即 0.2MPa、0.5MPa、1.0MPa、2.0MPa、5.0MPa 和 8.0MPa。试验结果如图 5.28 所示，通过图中不同温度条件下的应力应变曲线求取各参数的方法与 5.1 节相同，这里不再赘述，各基本参数的具体数值见表 5.11。

表 5.11　　　　　　　　　由 K_0 压缩试验得到的基本模型参数

温度/℃	a	b	c	τ_1/min	p_0/MPa	ν
−1.0	0.00039	0.0060	0.00060	480	0.85	0.40
−2.0	0.00035	0.0058	0.00047	480	1.05	0.35
−5.0	0.00032	0.0054	0.00035	480	1.50	0.30

5.4.3　K_0 理论公式的验证和分析

1. 试验结果分析和理论公式验证

如 5.4.2 节所述，本节中三轴压缩试验的 K_0 状态由侧向应力反馈系统控制。在该系统中，当侧向应变小于试验设定的阈值时，侧向应力保持不变（图 5.29）。在反馈系统中，

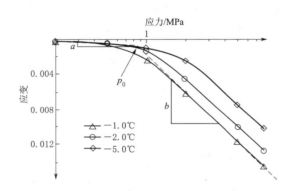

图 5.28　不同温度下的 K_0 压缩曲线

阈值应变设置为 3.2×10^{-4}。这是一个极小的应变数值，在此条件下，通常可以将土体的应力状态视为完全侧向应变受限的 K_0 状态。相应地，在初始加载阶段，随着轴向应力的增加，K_0 从 1.0 减小到最低值。严格来说，这一阶段的侧向应力与轴向应力的比值不能定义为 K_0 系数。在随后的发展阶段，当侧向应变超过阈值时，反馈系统通过调整侧向应力来保持侧向应变不变（图 5.29），从而保证土样处于 K_0 压缩条件。在这一状态下，能够得到真实的随轴向应力非线性增加的 K_0 系数（图 5.30）。考虑到使用三轴压缩试验测试 K_0 系数的初始阶段并不是真实的 K_0 应力状态，这里采用实际的试验条件来模拟 K_0 系数的变化过程。图 5.30 为青藏粉质黏土 K_0 系数的试验结果和计算结果。从图 5.30 可以看出，计算结果与试验结果总体上吻合较好。在不同温度下，计算结果可以合理地描述 K_0 系数随轴向应力的增加，从初始下降阶段到后续非线性增加的发展过程。这表明，本节基于考虑抛物线型强度衰减准则的冻土率相关本构模型推导的 K_0 表达式，可以合理地捕捉冻土 K_0 系数随轴向应力的发展规律。此外，根据计算和试验结果还可以发现，在 K_0 最低值时对应的轴向应力随温度的降低而持续增大。这是由于冻土的压缩性随温度的变化造成的。如表 5.11 所示，弹性和塑性压缩系数 a 和 b 均随温度降低而减小。也就是说，土样的压缩性较低时，需要更大的轴向应力使其产生相同的侧向应变（图 5.30）。

如上所述，在真实的三轴反馈控制试验条件下，土样在初始加载阶段并不处于严格的 K_0 状态。只有处于增加阶段的数值可以用来表示 K_0 的发展规律。为了分析理想 K_0 加载条件下 K_0 系数的发展规律，这里采用理想的侧向应变为零的条件对其进行理论计算，如图 5.31 所示。可以看出，在理想的 K_0 压缩条件下，K_0 系数的发展规律也表现出两个不

同的阶段，首先从 1.0 下降至最低值，随后呈非线性增加趋势。随着温度的降低，K_0 值最低时的轴向应力相应增大。也就是说，理想 K_0 压缩条件下 K_0 系数的发展趋势与实际三轴反馈控制条件下的结果基本相同。不同的是，理想条件下的 K_0 最低值所对应的轴向应力显著低于实际三轴条件下的轴向应力（图 5.31）。这表明初始加载条件下并不严格的 K_0 加载试验条件并没有改变整个加载过程中 K_0 系数的发展趋势，但计算值有所不同。这里需要注意的是，在较高的轴向应力水平下，不同温度下的 K_0 值均接近于 1。根据融土和冻土的测试结果，当轴向应力增加到高水平时，这是一种普遍存在的试验现象（Yamamuro 等，1996；Xu 等，2009；Yao 等，2014）。对于融土，较高应力条件下土颗粒的塑性流动是 K_0 系数增加的主要原因；而对于冻土，孔隙冰的压融、土颗粒和冰晶的压碎会导致土体抵抗侧向应变的能力降低。因此，当轴向应力增加到相当高的水平时，K_0 系数持续增加并趋近 1。

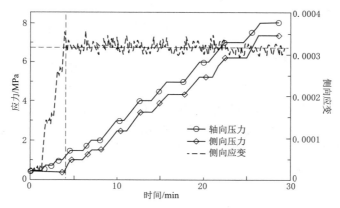

图 5.29　侧向应变、轴向和侧向压力随时间的变化（−5.0℃）

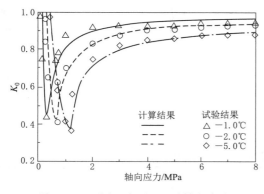

图 5.30　不同温度下 K_0 随轴向应力
变化的试验和计算结果

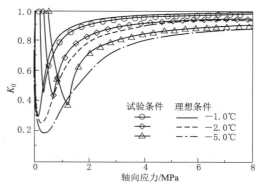

图 5.31　试验和理想条件下 K_0 发展
规律比较

2. 强度包络线特性对 K_0 系数的影响

为了进一步分析强度包络线形状对 K_0 系数的影响规律，这里采用三个不同的强度包络线，即时间相关的抛物线型强度包络线（TPSE）、时间相关直线型强度包络线（TLSE）

以及线性强度包络线（LSE）代入式（5.54）计算分析 K_0 系数的发展趋势。计算结果如图 5.32 所示。TPSE 计算结果直接采用表 5.10 和表 5.11 中的参数；TLSE 计算结果取表 5.10 中的参数 B 作为强度包络斜率，其他参数与 TPSE 相同；LSE 计算结果取表 5.10 中的参数 B 作为强度包络斜率，采用表 5.10 中的 χ 作为黏聚力，其他基本参数与表 5.11 中的其他基本模型参数相同。

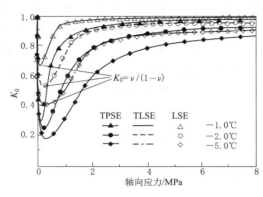

图 5.32　强度包络线特性对 K_0 发展规律的影响

从图 5.32 可以看出，采用不同强度包络的形式计算得到的下 K_0 系数随轴向应力的变化趋势基本相同。不同之处在于，TPSE 的 K_0 系数计算结果明显低于 TLSE 和 LSE 的计算结果，且 TLSE 和 LSE 的 K_0 系数曲线相互重叠。这表明，计算精度主要受强度包络线形状的影响，而 K_0 系数的发展趋势基本相同。此外，黏聚力的衰减，即强度包络方程等式中的时间相关项［式（5.46）］，对 K_0 系数影响可以被忽略。因此，在计算冻土的 K_0 系数时，强度包络线的形状是保证计算精度的关键。在传统的土力学中，内摩擦角（φ）、泊松比（ν）与 K_0 系数之间的关系已有大量研究。对于冻土，这两种关系的适用性目前尚不明确。下面我们将对这两种关系的计算结果与理论计算结果进行比较，以分析它们在冻土中的适用性。这两种关系可以表示为

$$K_0 \approx 1 - \sin\varphi \tag{5.55}$$

$$K_0 = \frac{\nu}{1-\nu} \tag{5.56}$$

其中，式（5.55）是由 Jaky（1948）通过大量的试验数据拟合提出的，式（5.56）是由弹性理论推导得到。为了便于对比式（5.55）和式（5.56）的计算结果以及图 5.32 中的理论计算结果，这里内摩擦角采用 TPSE 在 $p_i = 0$ 处的初始斜率（M_0）表示：

$$\sin\varphi_0 = \frac{3M_0}{6+M_0} \tag{5.57}$$

根据式 5.47，$M_0 = B_0$。B 和 ν 见于表 5.12。不同温度下通过式（5.55）和式（5.56）计算得到的 K_0 系数见表 5.12。

表 5.12　　　　　　　　　根据不同理论关系计算得到的 K_0 系数

温度/℃	$\varphi_0/(°)$	$K_0(\varphi_0)$	ν	$K_0(\nu)$
-1.0	3.4	0.94	0.40	0.66
-2.0	8.0	0.86	0.35	0.53
-5.0	11.3	0.80	0.30	0.42

当采用直线型强度包络线（TLSE 和 LSE）时，强度包络线斜率与应力无关，且为常数。相应地，根据内摩擦角与强度包络坡度之间的关系［式（5.57）］，内摩擦角也是常数。这与传统的融土的理论模型相同。对于融土，式（5.55）适用于低应力水平的情况

（Xu 等，2009；Zhao 等，2011），而本节测试的冻土并非如此。表 5.12 中采用式（5.55）计算得到的 K_0 系数值远高于图 5.32 中初始加载阶段的 K_0 系数值。这可能是由于冻土和融土之间的内摩擦角的差异所致。由表 5.12 可以看出，冻土试样的初始内摩擦角在 3.4～11.3°之间，而所研究的融土的内摩擦角约为 30°。当 $\varphi_0 = 30°$ 时，用 Jaky 方程计算的 K_0 系数等于 0.5。该值更接近于初始加载阶段的理论计算值（图 5.32）。对于采用 TPSE 的情况，根据式（5.47），强度包络斜率与应力状态 p_i 呈负相关。当 p_i 增加到大于 p_m 的较高水平时，内摩擦角将从表（5.12）中的正值减小到负值。相应地，采用式（5.55）计算得到的 K_0 系数将从表 5.12 中的数值增加到大于 1 的值。而图 5.32 中 TPSE 的理论计算结果小于 1。因此，可以得一个确定的结论是无论采用何种强度包络线，Jaky 方程都不适用于本书所研究的冻土试样。

对于使用式（5.56）计算得到的不同温度下的 K_0 系数，对比图 5.32 可以看出，式（5.56）的计算结果等于初始加载阶段 TLSE 和 LSE 曲线上的最低值。这表明，基于弹性理论的 K_0 系数解析解在使用直线型包络线的前提下适用于低应力水平的情况。

3. 基本模型参数对 K_0 系数的影响

除强度包络特性外，其他模型参数对 K_0 系数的发展也有显著影响。下面采用 $-5.0℃$ 条件下的 $(b-a)$、p_0、c 和 M_0 的模型参数进行理论计算，进而分析各参数对 K_0 系数发展规律的影响。

（1）$(b-a)$ 和 p_0 的影响。

在图 5.33（a）中，计算了不同 $(b-a)$ 下的 K_0 系数发展曲线，其他参数保持不变，如表 5.10 和表 5.11 所示。可以看出，当 $(b-a)=0$ 时，K_0 系数曲线为一条直线，其值等于式（5.55）的弹性解。这表明，当冻土试样处于理想的弹性状态时（$a=b$ 时），K_0 系数可以直接用弹性理论计算。随着 $(b-a)$ 的增加，土体塑性的影响持续增强。相应地，K_0 系数呈非线性增加趋势。这与传统土力学的结论一致（Federico 等，2009）。

p_0 的影响如图 5.33（b）所示。可以看出，随着 p_0 的增加，K_0 系数曲线越来越接近直线，趋于弹性解中的情况。由于 p_0 的物理意义是弹性和塑性之间的分界点，因此 p_0 越大，说明土体的弹性行为在较宽的应力范围内占主导地位。相应地，随着 p_0 的增加，K_0 系数曲线逐渐接近弹性解的值。

（2）c 和 M_0 的影响。

图 5.33（c）为不同蠕变速率系数（c）条件下 K_0 系数曲线。根据 5.1～5.3 节的试验数据，蠕变速率系数是在 10^{-4}～10^{-3} 的范围内变化。可以看出，所有的曲线在加载过程中都呈非线性的增加。随着 c 的增加，初始加载阶段的 K_0 系数逐渐增大，并接近于式（5.55）的弹性解。这表明对于较高蠕变速率的冻土试样，用弹性解可以估算低应力水平下的 K_0 系数。

对于初始强度包络线斜率（M_0），根据式（5.47），它等于 B。在这里，计算 K_0 系数曲线采用 M_0 的范围从 0.4 到 3.0，对应的内摩擦角范围从 11°到 90°。从图 5.33（d）可以看出，随着 M_0 的增加，初始加载阶段的 K_0 系数也逐渐接近式（5.55）的弹性解。也就是说，当强度包络线的初始斜率接近其最大值时，用弹性解得到的值 K_0 系数是一个上限值。

通过以上分析表明，随着各参数的变化，K_0 系数的弹性解是由考虑强度衰减强度准则率相关本构模型计算得到的 K_0 系数上限值或下限值。

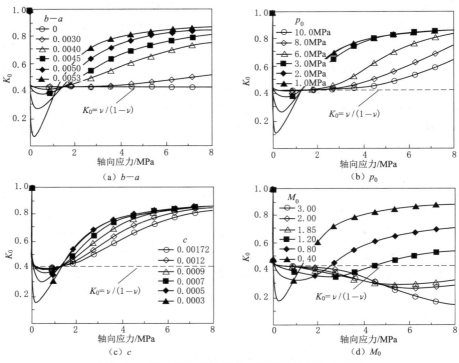

图 5.33 基本模型参数对 K_0 系数发展规律的影响

5.5 本 章 小 结

本章基于软土蠕变模型通过引入直线型和抛物线型强度衰减准则建立了适用于冻土的率相关本构模型。在此基础上结合冻结标准砂以及青藏粉质黏土的试验研究验证了率相关本构模型的适用性，总体上采用直线型强度衰减准则的率相关本构模型应力水平较低的情况，而采用抛物线型强度衰减准则的率相关本构模型适用于较大范围的应力水平。在此基础上，采用考虑直线型强度衰减准则的率相关本构模型分析了强度衰减规律对冻结土体应力-应变发展关系的影响规律；基于考虑抛物线型强度衰减准则的率相关本构模型综合分析了冻土强度包络线特性及基本模型参数对冻土侧压力系数的影响规律。通过这些试验验证和理论分析工作表明，考虑冻土强度衰减的率相关本构模型能够准确描述不同加载条件下冻土的率相关力学行为，将其应用于实际工程计算，可以为冻土工程的稳定性计算和安全评价提供可靠的理论依据。

第6章 以温度为自变量的冻土蠕变模型

本书基于前面章节的内容在微观机理、经验关系及宏观现象学方面系统介绍了有关冻土率相关本构模型的工作。这些前期的冻土力学理论建模，包括作者本人的工作，仍然是沿用常规土力学的建模方法，即在一个恒定的温度条件下测定冻土试样的各项力学特性参数，进而构建本构模型描述其率相关力学行为。也就是说，沿用常规土力学的建模方法得到的理论模型中土体的应力仍然是作为自变量，通过试验建立模型参数与温度的统计关系来描述温度对其力学行为的影响。当这些模型应用于工程问题时，需要重复开展大量不同温度条件下的基准力学试验，并通过数据拟合建立模型参数与温度之间的量化关系（Wang 等，2014）。这是一种反映温度对冻土力学行为影响的近似方法，在一定程度上会降低计算精度。在实际冻土工程中，某一地层的应力状态通常是恒定的，而地层温度在工程扰动以及气候变暖的情况下是在持续升高的（Qi 等，2007；Qin 等，2009）。很显然，计算此类条件下的蠕变沉降是一件极为烦琐的工作，需要开展大量基准试验来确定不同温度条件下的力学模型参数。为了直接研究温度升高对冻土蠕变行为的影响，Qi 和 Zhang（2008）在不同恒定荷载条件下开展了一系列 K_0 状态的逐级升温试验。试验结果表明，随着温度的逐步升高，其对土体应变的影响也类似于逐级加载条件下土体蠕变应变的发展规律。换句话说，温度的升高对应变的影响相当于应力-应变曲线上应力的作用。考虑到温度变化对蠕变应变发展的宏观现象学效应，可以尝试将温度作为独立的变量，建立一个以温度为自变量的冻土蠕变模型，进而直接描述温度升高对冻土蠕变行为的影响。

本章将在不同恒定荷载条件下开展冻结标准砂的 K_0 逐级升温试验。通过分析试验数据，得到增温条件下冻土蠕变应变发展规律，进而提出以温度为自变量的冻土一维蠕变模型，并结合试验数据验证该理论模型的适用性。

6.1 升温条件下冻土变形特性分析

6.1.1 冻结标准砂升温试验及数据获取

本章仍然以标准砂为试验研究对象，其基本物性参数见表 2.1。采用砂雨法制样，具体制样方法如 2.2.2 节所述。采用砂雨法制备的冻结标准砂试样的干重度、含水量和饱和度见表 6.1。所有 K_0 逐级升温试验均在多功能材料试验机上进行（图 2.11），该试验装置最初是针对冻土的三轴试验而开发的。为了使土样保持在 K_0 状态（即侧向应变为零的一维压缩状态），将冻结土样与刚性制样模具一并放在材料试验及仪器底座上。通过这样的方法就可以保证土样处于 K_0 状态。为了保证 K_0 压缩过程土样中少量未冻水的排出，在样品的底部和顶部放置两个带有小孔（直径为 1 mm，间距为 10 mm）的刚性透水盘。这

里采用了普通冻土 K_0 压缩试验中常用的排水边界 （Qi 和 Zhang，2008；Qi 等，2010；Zhang 等，2016），即有多孔的透水石或透水钢盘，以便土体中未冻水的排出。从土样上下端排出的孔隙水会在低温状态下快速冻结，并阻塞透水钢盘的排水孔。根据 Zhang 等（2016）的研究，当试验温度高于土体的冻结温度时，未冻水的消散过程

表 6.1　冻结标准砂试样的各项物理参数

干重度/（kN·m⁻³）	含水量/%	饱和度/%
17.7	16.3	86.8
17.5	16.5	85.0
17.7	16.8	89.5
17.6	16.3	85.4

较为显著。这表明，在负温 K_0 压缩试验条件下设置排水边界是必要的。考虑到排出的未冻水会被冻结在盘水钢盘的孔隙内，排水边界处的孔隙水的排水过程与融土存在着显著差异。当未冻水从土体中排出时，它将首先在排水钢盘的孔隙中形成冰晶。然后，在压力差的作用下，冰晶会迁移到较低的应力区域。这是冻结土体在压缩条件下仍然存在"固结"或"排水"作用的主要内在机制。对于冻土中极少量的未冻水，用目前土力学测试技术是无法直观地观察或准确测量的。因而，本节的试验研究并未涉及未冻水排出量的测量。至于升温试验中的具体试样温度，本书所采用的多功能材料试验机是通过三个冷浴来控制土样的温度。其中两个冷浴直接与土样顶板和底板相连，以控制土样上下端的温度，第三个冷浴与压力舱相连以控制土样的环境温度。

在 0.2MPa、0.5MPa、1.0MPa 和 2.0MPa 的不同恒定荷载条件下，分别对 4 个试样进行 K_0 升温压缩试验。在特定荷载条件下，试样的温度大约从 $-10^{\circ}\mathrm{C}$ 逐级增加到 $-0.5^{\circ}\mathrm{C}$，共 5 级温度，如图 6.1 所示。每级温度持续时间为 1 天。从图 6.1 中可以看出，由于环境温度的变化，每级温度均存在轻微的振动，因此，这里将每一级温度的平均值作为代表温度。表 6.2 列出了不同荷载下的代表温度。图 6.2 为通过 K_0 逐级升温试验得到的不同荷载条件下土样的应变时程曲线。通过前面的论述可知，冻结的土体中确实存在未冻水的迁移或排出作用（Bishop 和 Henkel，1962；Williams 和 Burt，1974）。对于冻土来说，由于其极小的渗透性，其中冻水的迁移或排出是一个极其漫长的过程。除此之外，冻土中部分体积的压缩还来自孔隙冰的迁移作用。根据已有的试验研究（Vyalov，1965；Vyalov 等，1970），在恒定的载荷作用下可以观察到孔隙冰从应力集中区域到低应力区域的迁移。对于本试验中的冻砂样品，它们并不是完全饱和的（表 6.1）。显然，在恒定荷载的作用下，孔隙冰和未冻水都可以迁移到这些尚未饱和的孔隙中。同时，本试验中采用的多孔排水边界也会允许一部分孔隙冰和未冻水

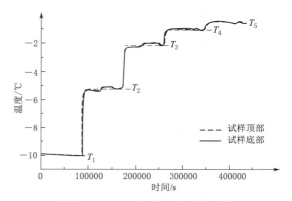

图 6.1　K_0 逐级升温试验中试样温度时程曲线（0.2MPa）

迁移到应力较低的排水边界位置处。在孔隙冰和未冻水向未饱和的孔隙和排水边界迁移的过程中，土体颗粒重新排列，并发生相应的体积压缩。这一过程实则是冻结土体的蠕变应

变产生机制，这一机制显然是与融土的蠕变压缩机制不同的。也就是说，未冻水和冰晶迁移共同导致了冻结土体蠕变压缩的发展。

表 6.2　　　　　　　　　　　　　　不同荷载下的代表温度　　　　　　　　　　　　　　单位：℃

荷载/MPa	T_1	T_2	T_3	T_4	T_5
0.2	−9.95	−5.32	−2.15	−0.96	−0.48
0.5	−10.01	−5.39	−2.48	−1.10	−0.55
1.0	−10.02	−5.33	−2.12	−1.14	−0.55
2.0	−9.97	−5.27	−2.11	−1.09	−0.61

6.1.2　升温条件下冻结标准砂蠕变规律分析

通过图 6.2 可以看出，在不同的载荷作用下，由于土样温度的逐级升高（图 6.1），土体蠕变应变的发展也呈阶梯形的发展规律，这与逐级加载条件下土体应变的发展规律类似。将图 6.2 中特定荷载条件下每级温度的开始时间重置为零，将不同温度下的应变的时程曲线重新整理后可以得到图 6.3。在相同载荷和 5 级不同温度的曲线上，通过曲线拟合可以得到四组不同应变率的点［图 6.3（a）～（d）］。将这些相同荷载条件下的点绘制在 $\varepsilon - \log(|T|^{-1})$ 坐标系中，就可以得到不同应变速率条件下的应变和对应温度绝对值的倒数的数据点（其中 $|T_p|^{-1}$ 为温度绝对值的倒数，为了表述方便，这里用 RTAV 表示）。对这些数据点进行拟合连接，就得到不同应变速率条件下的 RTAV－应变曲线，如图 6.4 所示。为了便于描述，这里以不同载荷下应变速率为 $1.25 \times 10^{-8} \mathrm{s}^{-1}$ 条件下的 RTAV 与应变曲线为例进行分析说明。可以看出，在 $\varepsilon - \log(|T|^{-1})$ 坐标系中，RTAV 与应变的关系曲线可以用两条直线（斜率分别为 a 和 b）代表。这两部分的交点定义为 $|T_p|^{-1}$。随着应变速率的降低，第一部分直线段的位置并没有明显变化，而第二部分的直线段位置向下移动（图 6.4），相应地 $|T_p|^{-1}$ 也降低（表 6.3）。同时，在不同应变速率条件下，第二部分是一系列相互平行的直线（图 6.4）。换句话说，随着温度或 $|T|^{-1}$ 的升高，第一部分的 RTAV 与应变直线段与应变速率无关，而第二部分的 RTAV 与应变直线段是应变速率相关的。在恒定温度条件下，这里以 0.5MPa 和 T_5（表 6.2）时的应变与时间曲线为例［图 6.3（b）］，两个应变点之间的差为蠕变应变，等于图 6.4 中两条平行线之间的垂直距离，因而两条平行线之间的垂直距离可以表示为

$$\varepsilon_i - \varepsilon_0 = c_i \ln \frac{\dot{\varepsilon}_0}{\dot{\varepsilon}_i} \tag{6.1}$$

式中：c_i（$i=1$、2 或 3）为代表应变速率对蠕变应变影响的参数；$\varepsilon_0(\dot{\varepsilon}_0)$ 和 $\varepsilon_i(\dot{\varepsilon}_i)$（$i=1$、2 或 3）为 0.5MPa 和 T_5 时应变与时间曲线上各点的应变和应变速率［图 6.3（b）］。在 $\varepsilon - \log(|T|^{-1})$ 坐标系中，这些点在相同的温度 T_5 下位于不同的平行线上。使用这些点对应的应变和的应变速率值，就可以用式（6.1）计算出不同荷载条件下不同平行线间的 c_i 值（表 6.4）。可以看出，在不同的荷载条件下，采用不同平行线计算的 c_i 值基本相同，它的物理意义就是当应变速率降低一个数量级时，两条平行线之间的垂直距离是一个常数［式（6.1）］，这个常数可以使用 c_i 的平均值（c）来表示。

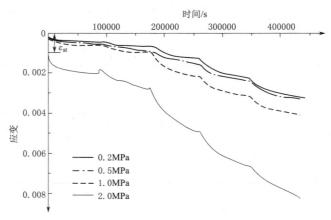

图 6.2　不同荷载下的应变时程曲线

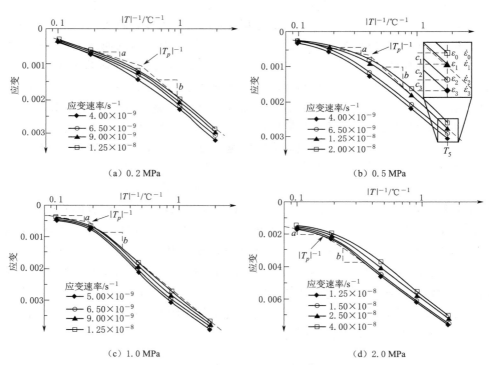

图 6.3　在不同应变速率下，RTAV（$|T|^{-1}$）与应变的关系曲线

表 6.3			不同应变速率条件下的 T_p 值		
附加负荷/MPa	应变率/s^{-1}	T_p/℃	附加负荷/MPa	应变率/s^{-1}	T_p/℃
0.2	4.00×10^{-9}	-2.90	1.0	5.00×10^{-9}	-6.06
	1.25×10^{-8}	-2.17		1.25×10^{-8}	-5.26
0.5	4.00×10^{-9}	-3.77	2.0	1.25×10^{-8}	-5.88
	1.25×10^{-8}	-2.70		4.00×10^{-8}	-4.87

表 6.4 采用不同应变速率平行线计算的参数 c_i

荷载/MPa	c_1	c_2	c_3	c
0.2	2.85×10^{-4}	2.85×10^{-4}	2.85×10^{-4}	2.85×10^{-4}
0.5	2.93×10^{-4}	2.93×10^{-4}	2.99×10^{-4}	2.95×10^{-4}
1.0	3.81×10^{-4}	2.46×10^{-4}	3.20×10^{-4}	3.16×10^{-4}
2.0	6.03×10^{-4}	6.85×10^{-4}	5.93×10^{-4}	6.27×10^{-4}

基于以上对恒定荷载条件下冻土试样 K_0 升温压缩试验结果的分析，这里可以得到一个理想化的等速线模型来表征升温条件下温度对冻土试样蠕变应变的影响规律（图 6.4）。图 6.4 中从初始温度（$|T_i|^{-1}$）开始的初始压缩线（斜率 a）表示第一阶段应变速率不相关的部分，而一系列相互平行的蠕变等速线（斜率 b）表示第二阶段应变速率相关的蠕变应变发展部分；当应变速率降低一个数量级时，两条平行线之间的垂直距离为 c。随着应变速率的降低，平行线的位置向下移动，两部分直线段

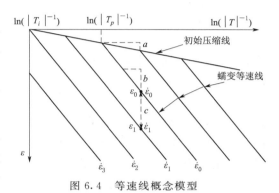

图 6.4 等速线概念模型

的交点（$|T_p|^{-1}$）也相应降低，即在一定的应变速率下，$|T_p|^{-1}$ 的值可以由蠕变等速线的位置来确定。这一现象与针对软土发展而来的等速线模型的平行线假设基本相同（Den Haan，1996；Vermeer 和 Neher，1999）。唯一不同的是，针对软土的等速线模型是以应力作为自变量。当使用温度（$|T|^{-1}$）代替应力自变量后，则可建立以温度为自变量的冻土一维等速线蠕变模型。

6.2 基于温度的一维蠕变模型

6.2.1 以温度为自变量的一维蠕变模型构建

在软土的等速线蠕变模型中，总应变是应力的函数（Den Haan，1996；Vermeer 和 Neher，1999）。将温度的绝对值的倒数（$|T|^{-1}$）代替原有模型的应力自变量后，由温度升高引起的总应变可表示为

$$\varepsilon = a \ln\left(\frac{|T_p|^{-1}}{|T_i|^{-1}}\right) + b \ln\left(\frac{|T|^{-1}}{|T_p|^{-1}}\right) + c \ln\left(\frac{\dot{\varepsilon}_0}{\dot{\varepsilon}}\right) \tag{6.2}$$

其中，（$|T_p|^{-1}$）为初始段与蠕变等速线的交点（图 6.4）。这里，$\dot{\varepsilon}_0$ 和（$|T_p|^{-1}$）分别为参考应变速率和温度。在恒温条件下，式（6.1）是蠕变应变的增量形式，可以进一步表示为

$$\exp\left(\frac{\varepsilon - \varepsilon_0}{c}\right) = \frac{\dot{\varepsilon}_0}{\dot{\varepsilon}} \tag{6.3}$$

和

$$\exp\left(\frac{\varepsilon - \varepsilon_0}{c}\right) \mathrm{d}\varepsilon = \dot{\varepsilon}_0 \mathrm{d}t \tag{6.4}$$

式中：ε_0 为应变速率 $\dot{\varepsilon}_0$ 对应的应变。式（6.4）的积分形式为

$$\int_{\varepsilon_0}^{\varepsilon} \exp\left(\frac{\varepsilon - \varepsilon_0}{c}\right) d\varepsilon = \int_{t_0}^{t} \dot{\varepsilon}_0 dt \tag{6.5}$$

根据式（6.5），可以进一步积分得到蠕变应变与时间的关系：

$$\exp\left(\frac{\varepsilon - \varepsilon_0}{c}\right) = \frac{\dot{\varepsilon}_0}{c}(t - t_0) + 1 \tag{6.6}$$

这里定义一个新的参数：

$$\tau_0 = \frac{c}{\dot{\varepsilon}_0} \tag{6.7}$$

则式（6.7）可进一步表示为

$$\exp\left(\frac{\varepsilon - \varepsilon_0}{c}\right) = \frac{t - t_0 + \tau_0}{\tau_0} \tag{6.8}$$

这里，τ_0 的物理意义为内变量参考时间，与软土蠕变模型的意义相同。t_0 为蠕变应变发生的开始时间，或实际试验条件下每级温度升高的结束时间；t 为实际时间，$(t - t_0 + \tau_0)$ 这里将其定义为内变量时间 τ，即

$$\tau = t - t_r \tag{6.9}$$

式中：$t_r = t_0 - \tau_0$ 是实际时间和内变量时间 t 的差。关于内变量时间的详细讨论可参考文献 DenHaan（1996）。由式（6.7）和式（6.8），从 ε_0 开始的增量蠕变应变可以表示为

$$\varepsilon - \varepsilon_0 = c \ln \frac{\tau}{\tau_0} \tag{6.10}$$

将式（6.10）代入式（6.4）可得

$$\varepsilon = a \ln\left(\frac{|T_p|^{-1}}{|T_i|^{-1}}\right) + b \ln\left(\frac{|T|^{-1}}{|T_p|^{-1}}\right) + c \ln\left(\frac{\tau}{\tau_0}\right) \tag{6.11}$$

在恒温条件下，式（6.11）对时间的导数就是蠕变应变率，即

$$\dot{\varepsilon}_c = \frac{c}{\tau} \tag{6.12}$$

通过式（6.12）可以发现，对于特定应变速率的蠕变等速线，存在唯一内变量时间，这两个变量间是倒数的关系。这里重新回顾图 6.4 中的等速线模型的物理意义，式（6.11）的总应变可分解为两部分，即与应变速率无关的初始压缩应变（ε_i）和与速率相关的应变（ε_c）。因此，应变速率相关的应变可表示为

$$\varepsilon_c = \varepsilon - \varepsilon_i \tag{6.13}$$

其中，初始压缩应变（ε_i）的表示为

$$\varepsilon_i = a \ln\left(\frac{|T_p|^{-1}}{|T_i|^{-1}}\right) + a \ln\left(\frac{|T|^{-1}}{|T_p|^{-1}}\right) \tag{6.14}$$

将式（6.11）、式（6.12）和式（6.14）代入式（6.13）中，蠕变应变速率可以进一步表示为

$$\dot{\varepsilon}_c = \frac{c}{\tau_0} e^{-\varepsilon_c/c} \left(\frac{|T|^{-1}}{|T_p|^{-1}}\right)^{(b-a)/c} \tag{6.15}$$

结合式（6.14）和式（6.15），总应变速率表示为

$$\dot{\varepsilon} = \dot{\varepsilon}_i + \dot{\varepsilon}_c = a\frac{|\dot{T}|^{-1}}{|T|^{-1}} + \frac{c}{\tau_0}e^{-\varepsilon_c/c}\left(\frac{|T|^{-1}}{|T_p|^{-1}}\right)^{(b-a)/c} \tag{6.16}$$

式（6.16）仅考虑了恒定荷载条件下温度相关的应变速率，通过观察图6.2，还应考虑土体在施加荷载的瞬时阶段产生的瞬时应变（ε_{sl}）。因此，冻结土样的总应变可以表示如下：

$$\varepsilon = \varepsilon_{sl} + \int_0^t\left(a\frac{|\dot{T}|^{-1}}{|T|^{-1}} + \frac{c}{\tau_0}e^{-\varepsilon_c/c}\left(\frac{|T|^{-1}}{|T_p|^{-1}}\right)^{(b-a)/c}\right)dt \tag{6.17}$$

以上通过式（6.3）～式（6.17）的推导建立了以温度作为自变量的冻土一维蠕变模型。下面将根据试验结果验证该模型的适用性。

6.2.2 以温度为自变量的一维蠕变模型验证

6.1节采用的冻结标准砂的模型参数见表6.5，其中a、b、T_p和τ_0等参数是在应变速率为$1.25\times10^{-8}\ \mathrm{s}^{-1}$条件下，通过RTAV与应变曲线确定的（图6.3）。参数c为不同应变速率下得到的c_i的平均值（表6.4）。表6.6为根据含水量为40%、饱和度约为80%的青藏粉质黏土试验结果得到的模型参数（Qi和Zhang，2008）。参数获取方法与6.1节中的方法一致。

表6.5　　　　　　　　　　冻结标准砂的一维蠕变模型参数

荷载/MPa	a	b	c	τ_0/s	$T_p/℃$	ε_{sl}
0.2	4.20×10^{-4}	1.25×10^{-3}	2.85×10^{-4}	2.20×10^4	-2.17	1.00×10^{-4}
0.5	2.20×10^{-4}	1.35×10^{-3}	2.95×10^{-4}	2.50×10^4	-2.70	1.00×10^{-4}
1.0	2.50×10^{-4}	1.35×10^{-3}	3.16×10^{-4}	2.50×10^4	-5.26	3.00×10^{-4}
2.0	6.00×10^{-4}	2.45×10^{-3}	6.27×10^{-4}	5.00×10^4	-5.88	1.00×10^{-3}

表6.6　　　　　　　　　　青藏粉质黏土的蠕变模型参数

荷载/MPa	a	b	c	τ_0/s	$T_p/℃$	ε_{sl}
0.1	1.2×10^{-2}	3.50×10^{-2}	1.40×10^{-3}	1.87×10^4	-0.66	1.00×10^{-4}
0.2	2.30×10^{-2}	4.00×10^{-2}	3.20×10^{-3}	4.27×10^4	-0.90	3.00×10^{-3}

图6.5和图6.6是不同荷载条件下K_0升温压缩试验和计算结果，从图中可以看出，计算结果与冻结标准砂的试验结果吻合较好；而对于粉质黏土，计算结果与试验结果存在一定偏差，较大的差异主要出现于后两个温度阶段。这可能与青藏粉质黏土在后两个温度阶段中发生的固结变形有关。通过6.1节的分析可知，冻土中固结过程的发生主要受冻结温度的影响，即温度接近或高于冻结温度时土体中主要发生主固结，而次固结过程（蠕变）主要发生在冻结温度以下。如图6.6所示，当温度低于冻结温度时（青藏粉质黏土约为$-0.4℃$）（表6.7），计算结果与前两步试验结果吻合较好。当温度接近或高于冻结温度时（表6.7），后两步计算结果与试验结果存在较大差异，这是由于土体中产生的固结作用造成的。因此，本章提出的温度相关蠕变模型适用于试样温度低于冻结温度的蠕变压缩过程。

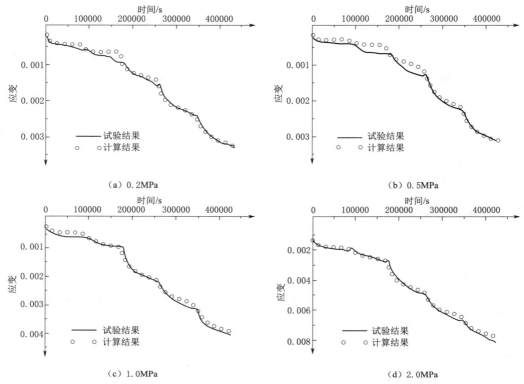

（a）0.2MPa

（b）0.5MPa

（c）1.0MPa

（d）2.0MPa

图 6.5 不同载荷下应变与时间的计算和试验曲线（冻结标准砂）

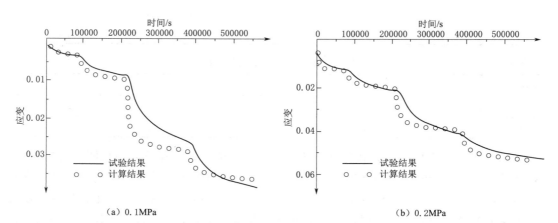

（a）0.1MPa

（b）0.2MPa

图 6.6 不同载荷下应变与时间的计算和试验曲线（青藏粉质黏土）

表 6.7	不同荷载下青藏粉质黏土的代表温度			单位：℃
荷载/MPa	T_1	T_2	T_3	T_4
0.1	−1.45	−1.02	−0.53	−0.42
0.2	−1.54	−0.98	−0.50	−0.32

结合图 6.5 和图 6.6 中不同土样的试验结果，可以进一步分析不同饱和度和试验条件对蠕变压缩规律的影响。如 6.1 节所述，图 6.5 中的试验结果是使用刚性模具限制土样侧向应变，从而控制其处于 K_0（侧限）状态得到的；图 6.6 中的试验结果是采用有机玻璃罐内限制土样处于 K_0（侧限）状态（Qi 和 Zhang，2008）得到的。两组试验结果的饱和度也不同 [粉质黏土的饱和度约为 80%，而冻结标准砂的饱和度在 85%～90% 之间（表 6.1）]。一般情况下，当土样的饱和度大于 85% 时，在融土的研究中可以认为土样是饱和的。对于不同试验条件下（不同的 K_0 约束措施和饱和度）的试验结果，当试验温度低于冻结温度时，所提出的蠕变模型的结果与试验结果吻合较好，如图 6.5 和图 6.6 所示，这表明，本章提出的模型所描述的规律是冻土固有的蠕变发展规律特征，这一规律并不来源于试验条件的影响。

6.2.3 简化的参数获取方法

在 6.1.2 节，基于升温条件下的 K_0 压缩试验结果分析了冻结土体的一维蠕变规律，并明确了以温度为自变量的冻土一维蠕变模型各参数的物理意义。但采用 6.1.2 节所示的参数获取方法，在实际模型应用中较为烦琐，因为采用这样的方法必须首先确定不同应变速率下的 RTAV 与应变曲线（图 6.3 和图 6.4）。本节将进一步分析蠕变应变的发展特征，提出一个更为简化的参数获取方法。

如图 6.7 所示，不同荷载较高温度条件下所有应变与时间的对数均可用一条直线代替，其斜率等于表 6.5 中的 c 值。因此，c 值可以通过较高温下的应变与时间对数曲线（从 T_3 到 T_5）上直线斜率的平均值来确定。此外，根据式（6.8）和式（6.10），在一定温度下的蠕变应变为

$$\varepsilon - \varepsilon_0 = c \ln \frac{\tau}{\tau_0} = c \ln \frac{t - t_r}{\tau_0} \tag{6.18}$$

对于时间差（$t_r = t_0 - \tau_0$）的影响，在初始加载阶段，应变与时间的对数 $\ln(t)$ 和应变与内变量时间的对数 $\ln(\tau)$ 曲线之间存在很大的差异 [图 6.3（d）]。随着时间的增加，应变与 $\ln(t)$ 曲线趋近于应变与 $\ln(\tau)$ 表示的直线，两条曲线之间的差异逐渐消失 [图 6.3（d）]。也就是说，当 $t \gg t_r$ 时，实际时间（t）近似等于内变量时间（τ），式（6.18）可进一步表示为

$$\varepsilon - \varepsilon_0 = c \ln \frac{\tau}{\tau_0} \approx c \ln \frac{t}{\tau_0} \tag{6.19}$$

从上述分析中可以发现，对于高温阶段的蠕变应变曲线（从 T_3 到 T_5），当每级温度的持续时间足够长时，每级温度结束时的实际时间（t）近似等于内变量时间（t）。换句话说，对于高温阶段每级温度结束时的应变，每级温度的持续时间（即 1 天）可以作为它们的参考内变量时间（τ_0）。

如图 6.3 和图 6.4 所示，参数 a 是在较低的温度（T_1 和 T_2）下，不随应变速率显著变化的应变所决定的，而参数 b 以及 T_p 是由较高温度下（T_3 和 T_5）具有相同的参考应变速率或内变量时间的应变所决定的 [式（6.12）]。同时考虑到实际试验条件下每级温度（$T_1 \sim T_5$）结束时的应变对应的内变量参考时间（τ_0）可以近似取为 1 天，即每级温度的持续时间。根据 6.1.2 节的分析，不同恒定应变速率或内变量时间下的 RTAV 与应变曲线是一

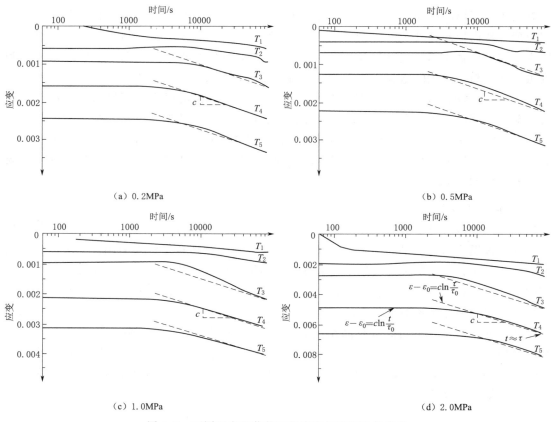

（a）0.2MPa　　　　　　　　　　　　（b）0.5MPa

（c）1.0MPa　　　　　　　　　　　　（d）2.0MPa

图 6.7　不同温度和荷载下的应变与时间对数曲线

系列平行线，可以用其中一条确定模型参数。因此，参数 a、b 和 T_p 也可以通过每级温度条件下应变时间曲线的末端应变来确定。为了证明这一推论的合理性，这里以 2.0MPa 条

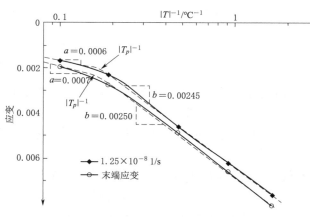

图 6.8　不同应变速率下应变与 $|T_p|^{-1}$ 之间的
关系（2.0MPa）

件下冻结标准砂的试验结果为例（图 6.7）进行说明。将图 6.7（d）中每级温度下应变曲线上的末端应变值得到的 RTAV 与应变的关系曲线与图 6.8 中的应变速率为 $1.25×10^{-8}$ s^{-1} 应变曲线进行对比。可以看出，这两条曲线是基本平行的。这表明，用应变时间曲线上的末端应变值得到的 RTAV -应变曲线可以用来代表内变量时间为 1 天或应变速率为 $c/1$ 每天所对应的 RTAV -应变曲线。同时从图 6.8 中可以看出，两条

曲线得到的 a 和 b 也基本相同，而采用末端应变值的曲线得到的 T_p 低于 $1.25 \times 10^{-8}\ \mathrm{s}^{-1}$。这是由于 T_p 是由应变速率或内变量时间确定的 [式 (6.12)]。显然，采用每级温度下的最终应变得到的 RTAV -应变曲线，可以更为简单地确定模型参数 a、b 和 T_p。简化的参数获取方法可以归纳如下：

（1）a、b 和 $|T_p|^{-1}$ 可以通过每级温度下的 RTAV -应变曲线来确定。

（2）c 可以由高温条件下的应变-时间对数曲线上的直线段斜率的平均值确定。

（3）参考内变量时间（τ_0）是每级温度的持续时间。

采用上述简化的方法得到的冻结标准砂的参数见表 6.8。相应的升温条件下的模型计算结果与试验结果的对比如图 6.9 所示，从图中可以看出，以温度为自变量的模型计算结果与试验结果吻合较好，这表明上述模型参数的简化获取方法是有效的。

表 6.8 用简化方法得到的标准砂的模型参数

荷载/MPa	a	b	c	τ_0/s	$T_p/℃$
0.2	3.80×10^{-4}	1.25×10^{-3}	3.70×10^{-4}		-3.13
0.5	2.20×10^{-4}	1.35×10^{-3}	4.30×10^{-4}	8.64×10^{-4}	-3.70
1.0	3.00×10^{-4}	1.40×10^{-3}	3.30×10^{-4}		-5.88
2.0	7.00×10^{-4}	2.50×10^{-3}	7.00×10^{-4}		-6.25

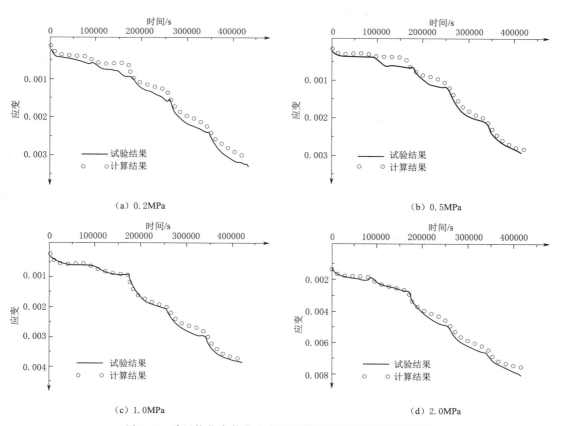

图 6.9 采用简化参数获取方法的模型计算结果和试验结果

6.3　关于高温冻土界限的讨论

在之前的研究工作中，Qi 和 Zhang（2008）进行了温度从 -1.5℃到 -0.3℃的 K_0 逐级升温压缩试验。通过分析土体的压缩系数随温度的变化规律表明，当温度高于 -1.0℃时冻结粉质黏土的压缩性显著提高。因此将 -1.0℃作为定义"高温"冻土的界限。这与表 6.6 中给出的结果大致一致，其中 $|T_p|^{-1}$ 的变化范围为 $-0.90\sim-0.66$℃。据 6.1 节的定义，$|T_p|^{-1}$ 是温度-应变曲线上两个压缩阶段的交点，也可以作为划分冻土不同压缩阶段的指标。Qi 和 Zhang（2008）在之前的研究中应用的荷载范围较小（$0.1\sim0.3$MPa），因此采用一个恒温值来定义"高温"或"低温"的冻土并不是完全准确的。从冻结标准砂的试验结果可以看出，当荷载从 0.2MPa 增加到 2.0MPa 时，T_p 从 -3.13℃降低到 -6.25℃（表 6.8）；对于青藏粉质黏土，当荷载从 0.1MPa 增加到 0.2MPa 时，T_p 从 -0.66℃减小到 -0.90℃（表 6.6）。因此，可以得出这样的结论，对于区分冻土不同压缩阶段的温度 T_p 并不是一个常数。它与荷载成反比。也就是说，随着荷载的增加，T_p 减小，土体处于高压缩性条件下的温度范围是相应增大的。这表明以温度作为指标定义冻土是否"高温"冻土是片面的，应同时考虑应力状态对其变形量的影响。

6.4　本　章　小　结

本章以冻结标准砂为研究对象，基于一系列恒定荷载条件下的 K_0 逐级升温压缩试验结果分析了升温条件下土体蠕变应变的发展规律。在此基础上提出了一维等速线概念模型，这与软土等速线模型的基本假定一致。在此基础上，建立了以温度绝对值的倒数为自变量的冻土一维蠕变模型，结合试验数据验证了该理论的适用性。结果显示，该理论适用于低于土体冻结温度的情况，而在实际温度高于冻结温度时，这一模型是不适用的。结合数据结果的分析进一步提出了简化的模型参数获取方法并讨论冻土工程领域有关"高温"冻土温度界限的定义。

总的来讲，本章是在冻土本构建模方法方面开展的尝试，针对实际工程中应力不变而温度持续改变的情况，试图以温度为自变量提出更符合工程实际的冻土蠕变计算模型，为工程实践提供更为有效直接的理论计算方法。

第 7 章　冻土的局部应变力学特性

本书通过前面几个章节系统介绍了冻土率相关力学行为以及相关的本构关系研究成果，这些工作均是以土体的宏观力学行为为出发点开展的研究工作。实际工程中土体受外荷载作用发生宏观变形的同时，还会发生局部的应变集中和破坏现象。这一现象在岩土工程当中称作应变局部化。对应变局部化的研究工作主要是针对土体加载破坏过程中形成的较为狭窄的剪切带来揭示局部应变或变形对宏观力学行为的影响。在融土中，已有大量的试验工作来描述各类土体应变局部化特征（Vardoulakis，1988；Desrues 和 Viggiani，2004；Hall 等，2010；Hasan 和 Alshibli，2012；Tordesillas 等，2013）。通常，土体的局部应变特征是借助无损检测技术通过处理土样的应变场数据来获取，如 X 射线计算机层析技术（Hall 等，2010；Hasan 和 Alshibli，2012），立体成像技术（Desrues and Viggiani 2004），数字图像相关技术（DIC）（Rechenmacher 等，2011）和粒子图像测速技术（particle image velocimetry，PIV）（White 等，2003）。经过几十年的试验研究工作，针对融土应变局部化发展特征的研究已趋于完善。

针对土体应变局部化的研究工作主要包括四个方面：剪切带的形式和形成过程以及剪切带的倾角和宽度。在融土的研究成果中，通过试验大多可以观察到单条的或 X 形剪切带（Vardoulakis，1988；Desrues 和 Hammad，1989）。已有的试验表明，剪切带的形式主要取决于边界条件，X 形的剪切带主要出现于固定边界条件的试验结果中（Desrues 和 Viggiani，2004）；对于剪切带的形成过程，大多融土的研究结果表明剪切带的萌生大约出现于轴向应力达到峰值的阶段（Finno 和 Rhee，1993；Han 和 Drescher，1993；Tagliaferri 等，2011；Hasan 和 Alshibli，2012）。应变软化过程剪切带持续发展，最终在应变软化阶段结束时土样中会形成一个清晰的剪切带。这是土体从各项均质向各项异性发展的过程。对于剪切带的倾角，试验研究结果表明，融土的剪切带倾角（θ）在 θ_r 和 θ_c 之间变化（Vermeer，1990；Han 和 Drescher，1993；Desrues 和 Viggiani，2004），其中 θ_r 和 θ_c 是剪切带的库仑解和罗斯科解析解。对融土，库仑解（θ_c）为剪切带倾角的上限，而罗斯科解则是剪切带倾角的下限（Vermeer，1990）；对于剪切带的宽度，黏土的剪切带是一条滑移线（Wanatowski 和 Chu，2007；Hasan 和 Alshibli，2012），而粗颗粒土的剪切带宽度与颗粒的平均尺寸密切相关（Mokni 和 Desrues，1999）。综上所述，前人已经对融土的局部应变特征开展了系统的研究，但在冻土中对于其应变局部化的研究工作则鲜有涉及。

本章针对冻土的应变局部化发展特征，主要介绍冻土平面试验设备的研制工作，基于不同温度和轴向应变加载速率条件下的试验结果系统分析冻结土体剪切带的形态、形成过程、剪切带倾角以及宽度等应变局部化特征；在此基础上结合离散元数值分析方法，进一步揭示土体细观力学参数对冻结土体应变局部化特征及宏观力学行为的影响规律。

7.1 平面应变条件下的应变局部化发展特征

7.1.1 可视化冻土平面应变装置

本研究中采用的自主研发的新型可视化冻土平面应变试验装置如图 7.1 所示。该冻土平面应变试验装置包括三个部分,即轴向加载系统、温度控制系统和数字图像采集系统。

1. 轴向加载系统

轴向加载系统由控制器调控,对位移和应力的控制精度分别为 0.001mm 和 0.1kPa。在试验过程中,控制器以恒定的轴向应变速率加载,并通过轴向加载系统记录轴向应力与应变。冻结砂试样用两个厚度为 2.0cm 的刚性透明板夹住后用 6 个钢螺栓进一步固定,以保证试样垂直于透明板方向上的应变为零,即平面应变试验条件。除了顶部、底部表面以及用透明板夹住的表面外,试样的其他两个面没有任何限制,因此垂直于其他两个表面的位移可以自由发展,试样的应力状态如图 7.2 所示。

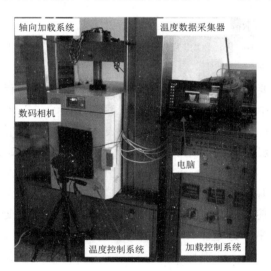

图 7.1 可视化冻土平面应变试验装置

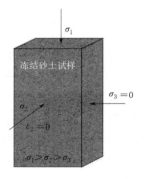

图 7.2 平面应变条件下试样的应力状态

2. 温度控制系统

可视化冻土平面应变试验装置采用一个低温恒温箱来控制试验温度,通过不断输入冷空气使恒温箱温度达到目标负温,在温度达到目标值后,将冻土试样放入恒温箱进行后续试验。在低温恒温箱空载时,经过一段时间的冷空气输送,箱体内冷空气分布相对均匀。但在试样放入恒温箱后,显著改变了原有的冷空气流向,箱体内冷空气的均匀分布状态被扰乱,导致恒温箱内试样各面所处温度出现较大差异。

为分析试样放入恒温箱时对温度均匀性的影响,如图 7.3 所示,在试样上部、下部、中部、前表面、后表面安装 6 个温度传感器,采用 Campbell 公司生产的 CR3000 数据采集器记录温度数据,数据采集频率为每分钟一次,观察低温恒温箱内温度随时间的变化过程以及内部温度均匀性。将恒温箱输送冷空气温度设置为−2.0℃，静置 1h 待恒温箱内冷空气分布均匀后，将试样放入恒温箱并开始记录温度数据，监测 6h 后各传感器温度趋于稳定，记录第 7h 内各传感器温度数据并做平均化处理，表 7.1 为温度恒定后传感器记录的温度数据平均值，由表中数据可知试样四周温度表现为上热下冷、前热后冷，6 个监测点温度与其平均温度之间的最大温差在 ±1.5℃ 范围内，以上温度数据表明将冻土试样放入恒温箱时，大部分冷空气主要分布在试样下部，且分布不均。

表 7.1　　　　　恒定阶段温度数据平均值（无温度导流板）

传感器编号	1	2	3	4	5	6	平均温度/℃
温度/℃	0.01	0.29	−1.56	−1.84	−2.92	−2.98	−1.51

上述试验条件显然无法达到冻土力学试验所需的温度精度，为提高试验温度的精度、降低结果离散性，需在恒温箱内部安装温度导流板提升箱内冷空气分布均匀性。在没有安装导流板的情况下，恒温箱内大部分冷空气在出风口的吸力作用下无法经过试样顶端，在流经试样底部及中部后排出，因此会出现上热下冷、前热后冷的情况。经过大量试验验证，导流板安装在冷空气进风口的上部及出风口的下部（图 7.3）可以有效改善气流的流动路线。图 7.4 和图 7.5 分别为设置温度导流板后低温恒温箱的气流流向简图和温度导流板详图，从图中可以看出，设置导流板后

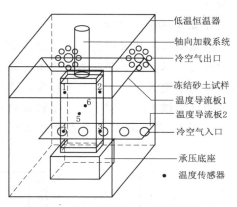

图 7.3　低温恒温器内部视图示意图

后，冷空气气流沿试样表面由下向上流动，流经试样各个表面，极大地改善了先前上热下冷、前热后冷的试验环境。设置温度导流板后，重复上述步骤记录温度数据，如表 7.2 所示，从表中数据可以看出 6 个监测点的温度分布均匀性得到了显著改善，6 个监测点温度与其平均温度之间的最大温差控制在 ±0.2℃ 范围内。

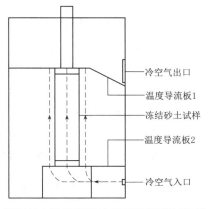

图 7.4　设置温度导流板后低温恒温箱的
气流流向简图

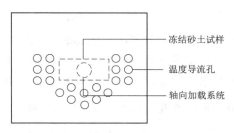

图 7.5　温度导流板详图

表 7.2　　　　　　　　　　恒定阶段温度数据平均值（设置温度导流板）

传感器编号	1	2	3	4	5	6	平均温度/℃
温度/℃	−1.87	−1.95	−2.09	−2.15	−1.95	−2.01	−2.01

温度导流板的安装使恒温箱内冷空气分布更加均匀，但却降低了冷却效率。由试验数据可知，未安装温度导流板时温度降低至恒定值需要 2h，安装导流板后至少需要 3h，冷却时间过长会导致冻土试样提前融化。为了解决这一问题，低温恒温箱需在内部温度降低至目标负温并保持 2h 后再将试样放入其中。同样，试样放入恒温箱施加载荷前也需持续输送冷空气 5h，保证温度分布均匀后再进行后续试验。该过程中，6 个温度传感器连续监测各点温度，确保温度分布均匀后去除前透明板上的温度传感器，以便捕捉数字图像。

3. 数字图像采集系统

本试验采用的可视化冻土平面应变试验装置数据采集系统为粒子图像测速系统，该系统的核心技术为粒子图像测速技术。粒子图像测速技术是一种瞬态、多点、无接触式的光学流体力学测速方法。近几十年来，通过研究者们和技术人员不断的完善与发展，粒子图像测速技术被逐步应用于岩土工程试验研究中。

GeoPIV 是为将粒子图像测速技术应用到土体变形测量中而开发的基于 MATLAB 软件的程序模块，GeoPIV 所处理的对象是数字化图像，因此需对相机捕获的试样表层图像进行数字化处理，如图 7.6 所示，把图像分割成若干大小相同的正方形像素单元，每个像素分配一个灰度值（范围一般从 0 到 255，白色为 255，黑色为 0），每个单元的位置（单元格十字中心点）用整数坐标来表示，由此实现了光强的数字化，也就是所谓灰度的量化。经过离散的数字图像便可用相应矩阵 $f(m,n)$ 来储存：

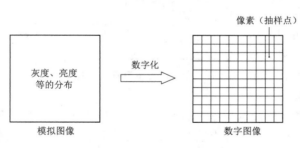

图 7.6　模拟图像数字化示意图

$$f(m,n) = \begin{bmatrix} f(0,0) & f(0,1) & \cdots & f(0,n-1) \\ f(1,0) & f(0,1) & \cdots & f(1,n-1) \\ \vdots & \vdots & \vdots & \vdots \\ f(m-1,0) & f(m-1,1) & \cdots & f(m-1,n-1) \end{bmatrix} \tag{7.1}$$

矩阵的行和列表示图像相应点的坐标，而其函数值就是相应的灰度值。

在图像处理中，应用互相关分析来描述两幅图片之间的相互匹配程度。互相关分析技术是基于信息理论和随机过程理论发展起来的一种检测分析方法，在 PIV 中得到很好的应用。根据互相关函数的定义，当两个一元实函数 $f(x,y)$、$g(x,y)$ 的积分 $\int_{-\infty}^{+\infty} f(x, y)g(x, y)\mathrm{d}x\,\mathrm{d}y$ 存在时，就称 $f(x,y)$ 与函数 $g(x,y)$ 相关，将其归一化的积分称为相关函数，其公式如下：

$$r_{fh} = \frac{\int_{-\infty}^{+\infty} f(x,y)g(x,y)\mathrm{d}x\,\mathrm{d}y}{\sqrt{\int_{-\infty}^{+\infty} f^2(x,y)\mathrm{d}x\,\mathrm{d}y \int_{-\infty}^{+\infty} g^2(x,y)\mathrm{d}x\,\mathrm{d}y}} \tag{7.2}$$

对于函数 $g(x,y)$，设原点移动变量为 (τ_x,τ_y)，则得到关于 (τ_x,τ_y) 的函数 $r_{fh}(\tau_x,\tau_y)$：

$$r_{fh}(\tau_x,\tau_y) = \int_{-\infty}^{+\infty}\int_{-\infty}^{+\infty} f(x,y)g(x+\tau_x,y+\tau_y)\mathrm{d}x\,\mathrm{d}y \tag{7.3}$$

其中，$r_{fh}(\tau_x,\tau_y)$ 被称为函数 $f(x,y)$ 与函数 $g(x,y)$ 的互相关函数。在图像处理中，互相关分析主要用来分析两幅图片之间的匹配，认为互相关函数最大值对应位置即为同一个单元体在两幅图片对应时间间隔内的相对位移终点值。

PIV 图片分析过程如图 7.7 所示，将图中区域按一定尺寸划分为若干正方形单元，以中心点坐标表示其位置，假设在小变形条件下，单元内部没有变形，为确定土体在 t_2 时刻的位移，首先需要将 t_1 时刻捕获的图片划分成大小为 $L \times L$ 的正方形单元网格，变形分析以此为对象。之后需要在 t_2 时刻的图片上确定一个搜索区域，搜索区域要大于土体单元。求出单元在 t_1 时刻的光强连续分布函数 $I(U)$ 以及在 t_2 时刻搜索区域光强连续分布函数 $I_{\text{research}}(U)$ 的互相关函数 $R(s)$。为了消除由图片拍摄时光照差异以及两个分析单元大小不同等因素造成的误差，将互相关函数归一化得到 $R_n(s)$，该值的意义代表相关的程度。$R_n(s)$ 互相关函数曲面的峰值对应的平面坐标即 t_1 时刻单元体在 t_2 时刻搜索区域的位置。概括来说，就是利用互相关原理分别通过对比搜索区域内相同大小土单元的特征值来确定该单元在搜索区域的准确位置，以此来确定单元在这段时间内的位移，以像素点为单位，最终得到的是单元在图上的坐标或位移。然而，互相关函数曲面峰值所对应的像素坐标值仅是一个单独的整数值，不足以确定峰值所在的更为精确的位置，为解决这一问题，可通过在相关函数曲面最大峰值点所在的单元与任意邻近的单元之间部分使用插值函数，对该区域进行亚像素划分。GeoPIV 的核心就是通过处理相继两帧数字图像（或与本帧相邻小区图像）的交叉（互）相关取得位移向量的方法，来确定所划分土体单元的位置及变化，从而确定土体的变形场。

采用 PIV 分析程序进行位移量测时，其精度依赖于 PIV 网格划分的大小，测量的随机误差与网格大小划分有关：

$$\rho = \frac{0.6}{L} + \frac{150000}{L^8} \tag{7.4}$$

式中：ρ 为测量的随机误差。L 为划分单元网格边长。

由式（7.4）可以看出，随机误差随 PIV 单元网格边长 L 的增大而减小，但是 L 的增大意味着图片上包含网格数量的减少，造成测量点的稀疏，影响最终测量效果。因此找到单元格数量与大小的最佳组合值对于保证测量精度和测量效果是十分重要的。单元网格的数量与网格边长变化函数如式（7.5）所示：

$$n = \frac{WH}{L^2} \tag{7.5}$$

式中：n 为一张图片上点的数量；W 为图片宽度；H 为图片高度。

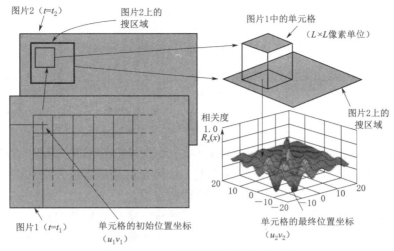

图 7.7　PIV 图像粒子相关分析过程

　　试验证明，本研究中冻土试样表面尺寸为 20cm×10cm 情况下，单元格选用 50 像素×50 像素即可保证测量精度。数字图像采集系统拍摄设备为一高分辨率的数码相机（Canon 550D，分辨率为 4752 像素×3168 像素），在拍摄图像时，由于镜头曲率导致的变形和光线穿过玻璃观察窗发生折射现象产生的变形测量误差同样需要进行修正。PIV 分析中，通过将土体单元图像空间位移坐标转化为实际空间位移坐标来减少这些误差。在本书中，如图 7.8 所示，在试样前有机玻璃上绘制了 6 个参照点，并且用参照点进行标定以提高分析的准确性。

7.1.2　试样制备

　　本试验采用标准砂制备试样，该砂的粒度分布如图 7.9 所示。试验所用试样均采用砂雨法制备，砂土颗粒在下落进入双面自由排水的不锈钢

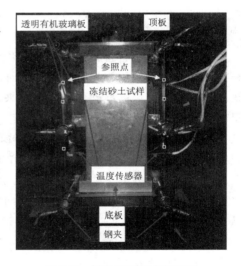

图 7.8　低温恒温箱内部试图

模具过程中，多层筛子的阻挡作用使砂土颗粒重新分布排列，如图 7.10 所示，本研究共使用 11 个筛子，筛子直径 5cm，高 3cm，漏斗与最上层筛子之间高度为 5cm，总下落高度为 38cm，在砂土下落过程中，来回移动漏斗，直到砂样充满模具，随后用直尺将模具顶部多余的砂土缓慢刮平，图 7.11 所示为双面自由排水的不锈钢模具，利用该模具制备了 6 个高 20cm、宽 10cm、厚 5cm 的砂土试样，其基本物理参数如表 7.3 所示。模具装满砂土后，将其放入饱水箱中抽真空 3h，然后加入蒸馏水，饱水 12h 后将试样连同模具放入冷冻室内，在 −30～−35℃ 的环境下快速冻结 3h，保证试样中的水分冻结在原位，将冻结好的试样脱模放入试验机中，图 7.12 为制备好的冻结砂试样，调整试验机控温系统使试样处在目标环境温度下恒温 5h 后进行试验。

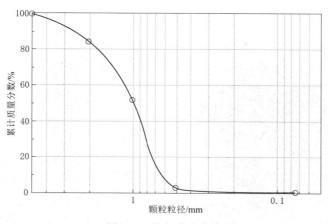

图 7.9　粒度分布曲线

表 7.3　　　　　　　　　　　　砂 土 试 样 物 理 参 数

试样编号	1	2	3	4	5	6
干重度/(kN·m^{-3})	17.7	17.6	17.4	17.6	17.5	17.6
含水量/%	16.4	16.5	16.1	16.5	16.3	16.4

　　为了研究不同温度和应变速率对冻结砂平面应变力学行为的影响，本书进行了六种试验条件下的平面应变试验（表7.4）。在以不同加载速率加载的过程中用数码相机以不同时间间隔连续记录 20cm×10cm 平面试样局部应变的发展情况，当加载速率为 $1.0 \times 10^{-2} min^{-1}$、$1.0 \times 10^{-3} min^{-1}$、$1.0 \times 10^{-4} min^{-1}$ 时对应的拍照时间间隔分别为 10s、1min、2min。

7.1.3　试验结果与分析

1. 应力-应变规律

　　对 6 个试样进行不同试验条件下的平面应变试验获得的应力-应变曲线如图 7.13 所示。图 7.13（a）和图 7.13（b）分别为−2℃和−5℃不同恒定应变速率条件下试样的轴向应力-应变曲线，从图中可以看出，冻结砂在平面应变条件下的应力-应变曲线均可大致分为三个阶段。首先，轴向应力随着轴向应变的增大而大幅度提升，在应变达到某一阶段时，轴向应力达到最大值——峰值应力，表 7.5 为

图 7.10　砂雨法制样示意图

各试验条件下曲线的峰值应力；随后轴向应力不再增大，而是随着轴向应变的增加逐渐减小，直至减小到一定值时趋于平缓。

　　在应力随应变大幅提升阶段，冻结砂试样颗粒在荷载作用下发生重排，原本颗粒结构逐渐变得更加紧密，颗粒之间接触面积增加，相互作用增强，试样整体的应力逐渐增加。在这一阶段，随着应变量的增加，试样内部抗力也会逐渐增加，即试样变得更难变形，需

图 7.11　制样模具　　　　　图 7.12　冻结砂试样

表 7.4　　　　　　　　　不同温度、应变速率试验条件表

温度/℃		−2			−5	
应变速率/min^{-1}	1.0×10^{-2}	1.0×10^{-3}	1.0×10^{-4}	1.0×10^{-2}	1.0×10^{-3}	1.0×10^{-4}

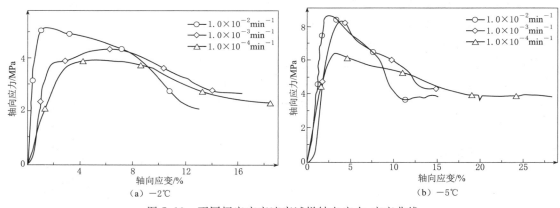

图 7.13　不同恒定应变速率试样轴向应力-应变曲线

表 7.5　　　　　　　　　六种试验条件下峰值强度

温度/℃		−2			−5	
应变速率/min^{-1}	1.0×10^{-2}	1.0×10^{-3}	1.0×10^{-4}	1.0×10^{-2}	1.0×10^{-3}	1.0×10^{-4}
峰值强度/MPa	5.17	4.31	3.94	8.68	8.36	6.39

要施加更多的应力才能产生相同的变形，这一阶段称为应变硬化阶段。随着试验加载的持续推进，冻土材料内部微观结构的变化以及颗粒间的相互作用导致了应力的逐渐增加，最终曲线达到峰值应力阶段，此时颗粒间相互作用已经非常紧密，但随着继续加载，一些颗粒开始脱离或发生滑动，导致了试样内部结构的松弛和应力的逐渐下降。同时，冻土内部胶结冰在荷载作用下发生变形破碎，这种变形和破碎会耗散一部分能量，也会相应地导致

应力的减小,该阶段称为应变软化阶段。当加载到达一定程度后,颗粒之间的相互作用达到动态平衡,颗粒间的接触面积不再有显著的增加或减小,在这种状态下,试样内部的各种作用力相互抵消,使应力保持在一个相对恒定的数值,不再有显著的增加或减小。这一阶段称为残余强度阶段。

图 7.14 和图 7.15 分别为六种试验条件下应力-应变曲线对比图和 $-2℃$、$-5℃$ 曲线峰值强度拟合线,从两幅图中均可以看出,在应变速率相同条件下,温度越低,应力-应变曲线峰值强度越大,当应变速率为 $1.0×10^{-2}min^{-1}$ 时,$-2℃$ 和 $-5℃$ 条件下应力-应变曲线峰值强度分别为 5.17MPa 和 8.68MPa;在温度相同的条件下,应变速率越高,曲线峰值强度越大,且由拟合曲线的斜率可以看出,温度越低,峰值强度随应变速率的变化幅度越大。这是由于在冻土中,温度和应变速率对强度的影响主要是通过冻土中的胶结物——冰来体现。随着温度的降低,原本液态的未冻水会结冰,冻土中含冰量增加,且在一定温度范围内,温度越低,冰的硬度越高。同时,温度的下降也会增强冰与砂土颗粒之间的胶结力,提高冰对砂土颗粒的胶结作用。另外,随着应变速率的增大,荷载作用时间减少,从而导致峰值强度随着应变速率的增大而增大,这些因素共同影响着冻土的强度特性。

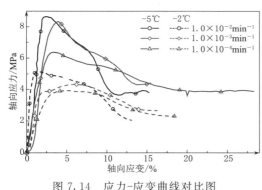

图 7.14 应力-应变曲线对比图

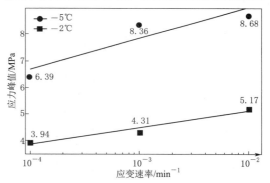

图 7.15 $-2℃$、$-5℃$ 峰值强度拟合线

根据图 7.14 可以计算出六种试验条件下曲线的应变软化度:

$$S_{td} = \frac{\sigma_p - \sigma_{res}}{\varepsilon_{res} - \varepsilon_p} \qquad (7.6)$$

式中:σ_p 为峰值强度,MPa;σ_{res} 为残余强度,MPa;ε_{res} 为残余强度阶段起点对应应变,%;ε_p 为峰值强度对应应变,%。表 7.6 列出了六种试验条件下试样的应变软化度。

表 7.6 六种试验条件下轴向应力峰值和应变软化度

温度/℃	−2			−5		
应变速率/min⁻¹	$1.0×10^{-2}$	$1.0×10^{-3}$	$1.0×10^{-4}$	$1.0×10^{-2}$	$1.0×10^{-3}$	$1.0×10^{-4}$
峰值强度/MPa	5.17	4.31	3.94	8.68	8.36	6.39
S_{td}/MPa	26.6	17.5	14.8	60.4	41.8	14.5

根据前文及表 7.6 可知,在温度相同的条件下,应变速率越低,峰值应力及应变软化度越低,这些现象均表明冻结砂的力学行为高度依赖于应变速率。

2. 剪应变发展规律

为了进一步研究不同应变速率条件下冻结砂试样的局部应变发展规律，利用粒子图像测速技术获取了冻结砂试样在不同轴向应变时刻的剪应变云图，并根据应力-应变曲线特征在应变硬化、应力峰值、应变软化、残余强度阶段选取了五个具有代表性的点输出相应的剪应变云图，图 7.16 为应力-应变曲线选点示意图。根据选点图获得每条曲线对应应变值时的剪应变云图如图 7.17 和图 7.18 所示。

由于试验器材中有机玻璃板的刚性限制及相机采集图像时光的反射，采集的部分剪应变云图存在"缺角"的现象 [图 7.17 （a），$\varepsilon_2 = 3\%$、图 7.18 （b），$\varepsilon_3 = 7\%$ 等]，但从图中

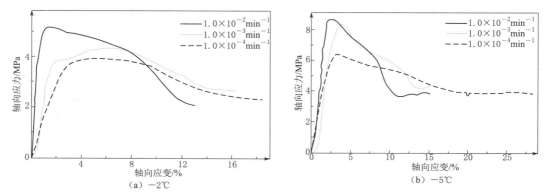

图 7.16　应力-应变曲线选点示意图

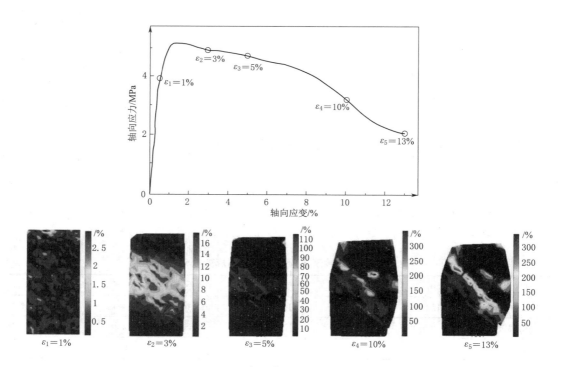

（a）$1.0 \times 1.0^{-2} \mathrm{min}^{-1}$ 选点图及剪应变云图

图 7.17（一）　$-2^{\circ}\mathrm{C}$ 应力-应变曲线选点图及剪应变云图

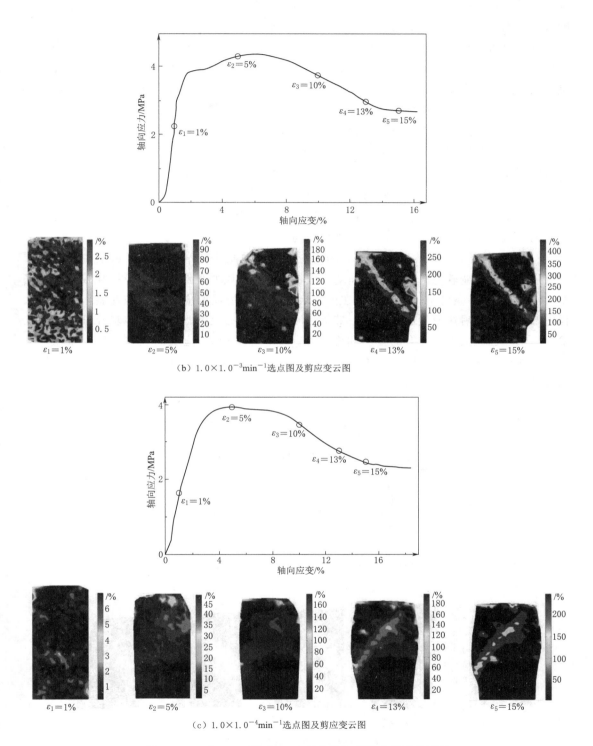

（b）1.0×1.0⁻³min⁻¹选点图及剪应变云图

（c）1.0×1.0⁻⁴min⁻¹选点图及剪应变云图

图7.17（二）　−2℃应力-应变曲线选点图及剪应变云图

也可以看出，局部应变主要集中在试样中间位置，"缺角"现象对整体应变局部化分析影响较小，因此，在分析时，可忽略其对整体发展的影响。

综合分析六种试验条件下的应力-应变曲线和剪应变云图发现，在应变硬化阶段，试样应变场分布较为均匀，并未出现明显的应变集中现象。这表明冻结砂试样在压缩过程中呈现出一定的塑性变形能力，并且能够均匀分散应变，且在此阶段，试样的颗粒间存在较大的摩擦阻力，使试样整体能够承受较高的应力而不发生明显的局部应变集中。

在 $-2\,℃$ 条件下，当轴向应力接近或超过峰值应力阶段，应变逐渐集中在试样中心位置，并有向带状区域发展的趋势。在 $-5\,℃$ 条件下，峰值应力阶段，局部应变相较于 $-2\,℃$ 没有明显的中部集中现象，如图 7.18（a）及图 7.18（c）所示，当 $\varepsilon_2=2.6\%$ 和 $\varepsilon_2=3.2\%$ 时，局部应变主要集中在试样底部，而在应变速率为 $1.0\times10^{-3}\mathrm{min}^{-1}$，$\varepsilon_2=4\%$ 时，局部应变主要集中在试样顶部。上述现象均表明在该阶段试样内部的颗粒开始解聚且颗粒之间的摩擦减小，导致了颗粒的重新排列和局部位移。

$-2\,℃$ 条件下，在应变软化阶段，局部应变逐渐向某个狭窄的带状区域集中，剪切带逐渐形成，在应变软化末期或残余强度阶段初期逐渐清晰并贯穿试样，最终导致试样的完全破坏。在 $-5\,℃$ 条件下，之前集中在试样底部和顶部的局部应变进一步发展，逐渐向试样中部集中，之后快速发展并形成一带状区域，在残余强度阶段，剪切带贯穿试样。在此阶段，试样已经失去了原有的强度和稳定性。综合考虑应力-应变曲线和剪应变云图，可以更全面地了解试样在不同试验条件下的变形和破坏过程，这对于冻结砂力学性能评估和冻土区工程设计具有重要意义。

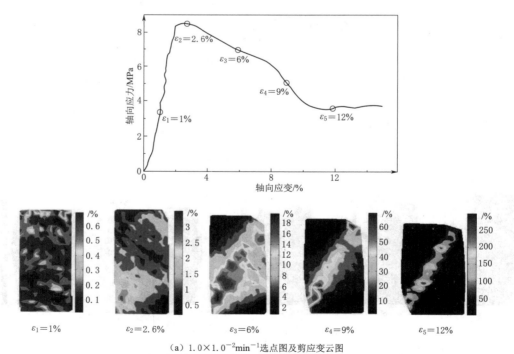

（a）$1.0\times1.0^{-2}\mathrm{min}^{-1}$ 选点图及剪应变云图

图 7.18（一）　$-5\,℃$ 应力-应变曲线选点图及剪应变云图

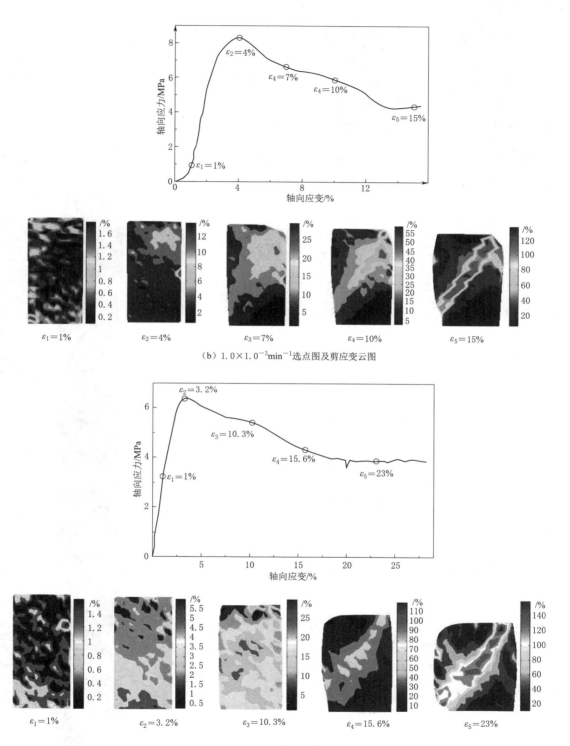

（b）$1.0 \times 1.0^{-3} \mathrm{min}^{-1}$选点图及剪应变云图

（c）$1.0 \times 10^{-4} \mathrm{min}^{-1}$选点图及剪应变云图

图 7.18（二）　$-5 \mathrm{℃}$应力-应变曲线选点图及剪应变云图

3. 破坏形式

剪切带倾角（剪切带与最小主应力方向的夹角）代表它的破坏形式，该平面应变试验条件下最小主应力方向为水平方向。通过分析剪应变云图可知，在残余强度阶段，剪切带已经十分清晰并贯穿试样。因此，如表 7.7 所示，分别选取各试验条件下残余强度阶段对应的剪应变云图测量剪切带倾角。图 7.19 为剪切带倾角测量示意图，对表 7.7 所示残余强度阶段对应应变的剪应变云图进行后处理得到六条剪切带的倾角值，如表 7.8 所示。

表 7.7　　　　　　　　　　　　　　剪应变云图的输出条件

温度/℃	应变速率/min⁻¹	对应应变/%	剪应变云图
	1.0×10^{-2}	13	
−2	1.0×10^{-3}	15	
	1.0×10^{-4}	15	
	1.0×10^{-2}	12	
−5	1.0×10^{-3}	15	
	1.0×10^{-4}	23	

按照图 7.19 所示的方法测量得到的剪切带倾角值的表 7.8 所示。

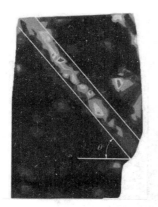
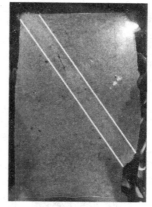

图 7.19　剪切带倾角测量示意图

表 7.8　　　　　　　　　　　　　**剪 切 带 倾 角 值**

温度/℃	−2			−5		
应变速率/min^{-1}	1.0×10^{-2}	1.0×10^{-3}	1.0×10^{-4}	1.0×10^{-2}	1.0×10^{-3}	1.0×10^{-4}
剪切带倾角/（°）	47.2	52.7	50.5	57.5	54.5	55.3

在 Mohr – Coulomb 理论中，融土的剪切带倾角为内摩擦角的函数：

$$\theta = \frac{\pi}{4} + \frac{\varphi}{2} \tag{7.7}$$

式中：θ 为未冻土剪切带倾角，°；φ 为内摩擦角，°。内摩擦角 φ 可通过式（7.8）计算：

$$\sin\varphi = \frac{\sigma_1 - \sigma_3}{\sigma_1 + \sigma_3} \tag{7.8}$$

式中：σ_1 为试样破坏时的轴向应力；σ_3 为围压。在平面应变试验加载过程中，并未施加围压，因此无法直接应用式（7.8）进行计算。Roscoe 的相关研究结果表明，利用式（7.8）计算所得的内摩擦角值与实际内摩擦角值基本相同，且冻土的内摩擦角值与试验时施加的应变速率无关，因此，可以利用 Ma 等（2016）得到的不同试验温度条件下冻土三轴试验数据计算 −2℃ 和 −5℃ 条件下冻结砂的内摩擦角，并利用内摩擦角值计算出不同温度条件下的剪切带倾角。根据 Ma 等（2016）的三轴试验结果，在 −2℃ 和 −5℃ 的低围压试验条件下，具有相同干重度饱和标准砂试样的内摩擦角分别为 15.6° 和 28.3°，代入式（7.8）计算得到对应试验温度试样的剪切带倾角值分别为 52.8° 和 59.1°，这与平面应变试验条件下获得的剪切带倾角值十分接近，由表 7.8 数据可知，−2℃ 和 −5℃ 不同应变速率条件下剪切带倾角最大值分别为 52.7° 和 57.5°，说明通过 Mohr – Coulomb 理论计算获得的剪切带倾角值可作为冻结砂实测剪切带倾角值的上限。

上述研究表明，关于融土剪切带研究结论同样适用于冻土领域。通过分析表 7.8 中不同试验条件下的剪切带倾角值发现，温度越低，剪切带倾角值越大；相同温度、不同应变速率条件下，剪切带的倾角值变化并不明显，这表明应变速率对剪切带倾角值影响较小。但仍需注意的是，对剪应变云图进行后处理得到的试验数据往往会存在测量误差，为了更加准确地获得冻结砂应变局部化相关数据，可利用优化技术如遗传算法和进化算法提高数据准确性。

4. 应变速率对局部应变程度及均匀性影响

如图 7.20 所示，选取-2℃，三种不同应变速率条件下，轴向应变为 5％和 13％时刻的剪应变云图分析应变速率对局部应变集中程度和均匀性的影响。

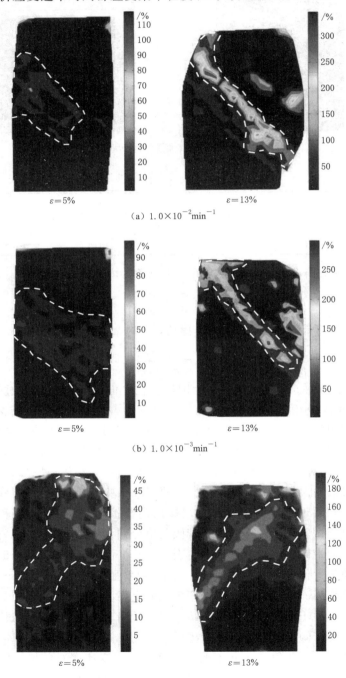

图 7.20　-2℃试样局部应变集中程度

如图 7.20 所示，白色虚线所围绕的区域为剪切带。区域内部应变集中程度较高，而在其余区域，应变集中程度较低且分布更均匀。图 7.20 中，试样顶部及四角的非剪切带区域也出现了小范围的应变集中现象，这种现象主要是由于拍摄图像时光反射导致的，因此在本节中不予考虑。对于 $\varepsilon = 5\%$ 时的应变集中区域，当应变速率为 $1.0 \times 10^{-2}\,\mathrm{min}^{-1}$ 时，应变在 $20\% \sim 30\%$ 的范围内；当应变速率为 $1.0 \times 10^{-3}\,\mathrm{min}^{-1}$ 时，应变约为 $10\% \sim 20\%$；应变速率为 $1.0 \times 10^{-4}\,\mathrm{min}^{-1}$ 与应变速率为 $1.0 \times 10^{-3}\,\mathrm{min}^{-1}$ 时应变范围大致相同。对于 $\varepsilon = 13\%$ 时应变集中区域，当应变速率为 $1.0 \times 10^{-2}\,\mathrm{min}^{-1}$ 时，应变约为 $100\% \sim 400\%$；当应变速率为 $1.0 \times 10^{-3}\,\mathrm{min}^{-1}$ 时为 $100\% \sim 300\%$；应变速率为 $1.0 \times 10^{-4}\,\mathrm{min}^{-1}$ 时条件下的应变约为 $40\% \sim 80\%$。通过分析可知，在相同轴向应变条件下，随着应变速率的降低，局部应变集中程度随之降低。

为了进一步探究应变集中区域与其他区域间的应变程度差异，表 7.9 列出了两个区域的应变范围和最大应变差值（应变集中区域中的最大应变减去其余区域最大应变）。从表 7.9 中可以看出，在相同的轴向应变条件下，随着应变速率的降低，最大应变差异也相应减小，应变场分布逐渐趋向均匀化。

表 7.9　应变集中区域与应变均匀区域应变值范围及最大应变差值

应变速率/min^{-1}	应变集中区域应变范围/%	应变均匀区域应变范围/%	最大应变差值/%
1.0×10^{-2}	$100 \sim 400$	$0 \sim 50$	350
1.0×10^{-3}	$100 \sim 300$	$0 \sim 50$	250
1.0×10^{-4}	$40 \sim 80$	$0 \sim 40$	40

总体上，随着应变速率的降低，冻结砂局部应变集中程度降低，应变场分布更加均匀。试样剪切带倾角值与温度成反比，与应变速率无关。通过 Mohr - Coulomb 理论计算获得的剪切带倾角值可作为冻结砂实测剪切带倾角值的上限，在试验温度范围内，关于融土剪切带宽度的相关研究结论也适用于冻结砂的情况。对于本节开展的 6 组平面应变试验，试样的应力-应变曲线均可分为应变硬化、应变软化以及残余强度三个阶段。在应变硬化阶段，试样应变场分布较为均匀，并未出现明显的应变集中现象；当轴向应力接近或超过峰值应力时，应变逐渐集中在试样中心位置，并有向带状区域发展的趋势；在应变软化阶段，局部应变逐渐向某个狭窄的带状区域集中，剪切带逐渐形成，并在残余强度阶段贯穿试样。

7.2　基于离散元方法的数值试验分析

7.1 节采用自主研制的可视化冻土平面应变仪研究了冻结标准砂在不同温度和应变速率条件下的局部应变发展特征。本节将结合离散元方法（Discrete Element Method, DEM）建立与 7.1 节试验条件相同的离散元数值模型，通过数值试验标定不同试验条件下的细观力学参数。结合本节建立的离散元数值模型，在 7.3 节进一步分析冻结砂土微细观参数与其宏观力学行为及局部应变特征的联系。

7.2.1　接触模型

离散元方法是 Cundall 20 世纪 70 年代初在分子动力学理论基础上提出的研究准静力

或动力条件下涉及节理系统或块体结合的数值计算手段。相比于传统的有限元数值分析方法，离散元方法的优点在于能够方便快捷地处理非连续介质力学问题，并且不受变形量的限制，尤其在岩土工程问题的求解中应用广泛。离散元的理论基础和原理在众多教材和文献中有丰富的论述，这里不再赘述。下面介绍本章在 PFC 计算软件中使用的两种经典接触模型。PFC 软件内置了多种接触本构模型，用于描述不同材料的力学特性。表 7.10 列出了软件内置接触模型及其相应的力学特征。

表 7.10　　　　　　　　　　　　　PFC 内置接触模型

接 触 模 型	力 学 行 为 概 述
线性接触模型—linear	线弹性
线性接触黏结模型—linear contact bond	线弹性（接触处有黏结，只能传递力）
线性平行黏结模型—linear parallel bond	线弹性（接触处有黏结，可以同时传递力和力矩）
赫兹接触模型—hertz	非线弹性
滞后接触模型—hysteretic	非线弹性（直接给出恢复系数）
光滑节理接触模型—smooth joint	可设置具有摩擦特性的黏结裂缝
平缝节理接触模型—flat joint	可设置具有局部损伤的黏结裂缝
抗滚动线弹性接触模型—rolling resistance linear	抵抗转动的行为
伯格斯接触模型—Burger's	蠕变行为

对于岩土材料，常采用表 7.10 中的接触黏结模型和线性平行黏结模型来研究其力学行为。本章也采用这两种接触模型进行离散元分析，下面将对其进行详细的介绍。

1. 接触黏结模型

接触黏结模型是一种常用的离散元计算方法中的接触本构模型。该模型基于线性接触模型，考虑了胶结材料的黏结特性。具体来说，接触黏结模型的接触界面是一个无限小的、线弹性的、带有黏结力或摩擦力的界面，由于接触区域较小，可以近似认为是点黏结，接触黏结键可以看作一对具有抗拉或抗剪强度的弹簧（或具有胶水作用的一个点），故而该黏结键在相互作用的单元之间只能传递力，不能传递力矩，即不抵抗颗粒间的相对转动。接触黏结存在时，颗粒间不会发生滑动，只有当黏结强度被破坏时，才会发生滑动。

图 7.21 为接触黏结模型力学机理图，在接触的颗粒间作用有具有法向刚度 k_n 和切向刚度 k_s 的弹簧以模拟材料的弹性力学行为。同时作用有黏滞阻尼器（黏壶）用于模拟材料的非弹性行为，阻尼器被赋予一定的法向黏结强度 T_F 和切向黏结强度 S_F 用以描述颗粒间胶结的法向抗拉强度和切向抗剪强度。

图 7.22 给出了接触黏结模型中法向接触力 F_n 以及切向接触力 F_s 与法向相对位移 u 和切向相对位移 u_s 之间的关系：

$$F_n = k_n u_n \tag{7.9}$$

$$F_s = k_s u_s \tag{7.10}$$

随着力的增大，颗粒间位移也相应增加。当颗粒间的法向拉力大小超过法向黏结强度或者切向接触力大小超过其切向抗剪强度时黏结破裂，此时黏结模型即告失效。在力超过

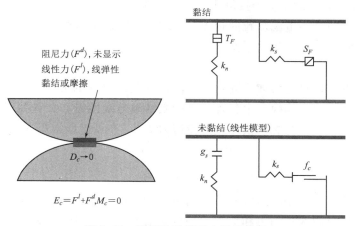

图 7.21 接触黏结模型力学元件图

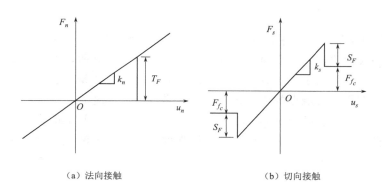

（a）法向接触 （b）切向接触

图 7.22 接触黏结模型中接触力与相对位移的关系

黏结强度，黏结断裂后，接触点的行为变为非黏结状态，接触黏结模型退化为线性模型。在非黏结状态下，接触可以在剪切力满足库仑极限时承载滑动。在线性模型中，以滑片来模拟接触的颗粒之间的摩擦力，它没有法向抗拉强度，但具有切向抗剪强度：

$$F_{f_c} = f_c F_n \tag{7.11}$$

当法向拉力超过法向黏结强度时，$T_F = 0$；当切向接触力超过接触处的峰值抗剪强度 F_p 后，切向黏结破坏，$S_F = 0$，接触处的抗剪强度为残余抗剪强度 F_r，即

$$F_p = F_n f_c + S_F \tag{7.12}$$

$$F_r = F_n f_c \tag{7.13}$$

颗粒系统的运动由牛顿第二定律来描述，即每一个土颗粒的运动方程为

$$\frac{\partial^2 x_i}{\partial t^2} = \frac{1}{m} \sum_{j=1}^{p} F_i^j \tag{7.14}$$

$$\frac{\partial^2 \theta_z}{\partial t^2} = \frac{1}{I} \sum_{j=1}^{p} M^j \tag{7.15}$$

式中：x_i 为颗粒的位移（$i = 1$、2，1 代表水平方向，2 代表竖直方向）；m 为颗粒的质量；p 为接触颗粒个数（$j = 1$、2、$\cdots$、p）；F_i^j 为作用在颗粒上的第 j 个接触所产生的

力；M^j 为作用在颗粒上的第 j 个接触所产生的力矩；I 为颗粒的惯性矩；θ_z 为颗粒的转动角。由于接触黏结模型不考虑颗粒的转动，故式（7.15）中通过颗粒的转动角计算得到的颗粒间的力矩不计入颗粒的运动平衡计算。

　　2. 平行黏结模型

　　平行黏结模型用以描述实体之间存在有限尺寸胶结材料的力学行为，在 PFC 软件中，其接触面为一矩形。此本构模型中包含了平行黏结组与线性组，二者并行发挥作用。相较于接触黏结模型而言，平行黏结模型既可传递力 F_c，亦可传递力矩 M_c：

$$F_c = F^l + F^d + \overline{F} \tag{7.16}$$

$$M_c = \overline{M} \tag{7.17}$$

式中：F^l 为线性力；F^d 为阻尼力；$\overline{F}$ 为平行黏结力；$\overline{M}$ 为平行黏结力矩。

　　平行黏结力可分解为法向力和剪力，平行黏结力矩分为扭转力矩和弯矩：

$$\overline{F} = -\overline{F}_n \hat{n}_c + \overline{F}_s \tag{7.18}$$

$$\overline{M} = \overline{M}_t \hat{n}_c + \overline{M}_b \tag{7.19}$$

　　在二维模型中，$\overline{M}_t = 0$。平行黏结模型提供了两个界面行为，如图 7.23 所示。上界面等效于无张力的线性弹性摩擦界面，下界面是线弹性的黏结界面，亦称为平行键。平行键与第一个界面平行，相当于一组具有恒定法向和剪切刚度的弹簧，它除了能传递拉力、压力还能产生弯矩作用。接触点的相对运动发生在平行键形成之后，并随相对运动在接触处产生力和力矩，同时，黏结材料内部会产生作用在接触键上且与最大应力有关的力和力矩。当黏结材料内部任一最大应力超过其黏结强度时，平行键断裂，该处黏结失效，平行黏结模型退化为线性模型。

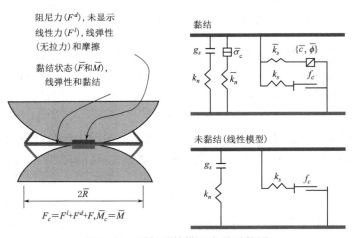

图 7.23　平行黏结模型力学元件图

　　总的来说，接触黏结模型假定颗粒之间的黏结接触作用在接触点上，因此仅能分析接触力不能分析接触应力，而平行黏结模型在接触黏结模型的基础上，将点接触改为面接触，进而分析黏结接触面上的应力。同时，平行黏结模型接触界面可以抵抗相对旋转直至超过强度极限，适用于模拟胶结材料。冻土的力学性质主要取决于土中的胶结冰，冰的胶结作用提高了土体的黏聚力，使冻土强度增加。因此，本章采用上述两种接触模型分别模拟冻土中冰的胶结作用，进行平面应变试验，探究应变速率对冻结砂平面应变局部化的影响。

7.2.2 平面应变数值模型的建立

冻结砂平面应变数值模拟试验包括四个步骤：成样、预压、柔性颗粒膜伺服以及轴向加载，整个试验过程利用 PFC 内嵌的 FISH 语言编程进行控制和监测，具体的试验平台搭建过程如下。

1. 成样

建立 PFC2D 数值模型时，首先要根据模型尺寸建立一定大小的计算区域——domain。为了使程序计算效率不受影响，该计算域不能太大，域的范围尽量与模型尺寸相当，且所建数值模型必须全部位于计算区域之内。在利用墙单元生成侧向约束边界及加载板过程中，为防止轴向加载阶段由于墙体的运动而使模型内的颗粒溢出墙体，通过下述语句将墙体均延长 1.5 倍，如图 7.24 所示。

确定合理的数值试样尺寸及颗粒数是进行平面应变数值模拟的关键问题，数值模拟软件的运行高度依赖于计算机的计算能力。数值试样尺寸过大或粒径过小会导致颗粒数增多，超出计算机计算能力，使计算无法进行下去；相反，若试样尺寸过小或粒径过大则无法反映材料真实的力学特性。因此需在模拟真实性和计算时长之间取一平衡值。粒径和数量可以采用缩放试样尺寸和改变颗粒大小两种方式进行控制，第一种方法中试样内粒径应同时进行缩放，粒径值需设置得非常小，在计算时有十分明显的尺寸效应；第二种方法为保持试样尺寸与实际试样尺寸相同，通过调整粒径控制颗粒

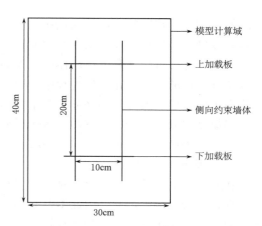

图 7.24 模型计算区域及墙体图

数量，这种方法不考虑试样的尺寸效应，但需考虑试样内部颗粒尺寸效应。

本研究选用第二种模拟方案，按照原试样尺寸 20cm×10cm 建立数值模型，改变颗粒大小来控制颗粒数量。根据 Yang 等的研究结果，当 W/R_{max} 值（W 为试样宽度）大于 80 时，可以忽略颗粒尺寸对材料宏观力学特性的影响。生成试样的阶段中，颗粒级配设置为：颗粒半径在 $R_{min} \sim R_{max}$ 之间均匀正态分布，在给定孔隙率和粒径范围的前提下，利用 PFC 内嵌命令 ball distribute 生成颗粒，平面应变数值模拟试验生成颗粒情况如表 7.11 所示。

表 7.11   模型内颗粒基本参数

接触模型	计算区域/cm	试样尺寸/cm	$R_{min} \sim R_{max}$/mm	初始孔隙率	平衡后孔隙率	W/R_{max}	颗粒数目/个
接触黏结模型	30×40	10×20	0.8~1	0.25	0.21	100	7466
平行黏结模型	30×40	10×20	0.5~0.7	0.25	0.17	143	14182

颗粒生成的随机性会导致存在大量的重叠,且其内部应力分布极不均匀,因此,一般在颗粒材料初始生成以后先赋予其线性接触模型及相关细观参数。为了控制试样密实度,需在成样阶段设置一定的摩擦系数,当摩擦系数值在 $0\sim0.5$ 时,可控制试样预压结束后孔隙率在 $0.15\sim0.25$;同时,为了使生成的试样均匀密实,减小墙体对颗粒间接触力的影响,墙体的摩擦系数应设置为 0,然后通过循环计算来消除颗粒内部不平衡力,待不平衡力的比值达到 1×10^{-5} 以后,程序计算自动停止,初始试样生成。图 7.25 为初始颗粒材料生成示意图。

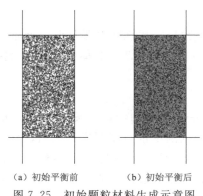

（a）初始平衡前 　（b）初始平衡后

图 7.25　初始颗粒材料生成示意图

2. 预压

当试样成样并达到初始平衡后,利用伺服机制对试样进行预压。试样四周墙体摩擦系数均为 0,由于室内平面应变试验无侧限,为了模拟的真实性,预压阶段伺服围压取一较小值 2kPa。施加围压后以时间步为计算周期,计算颗粒与墙体间的平均应力,通过 PFC 内置算法换算成刚性墙体应施加的位移速度,来保证试样的水平方向和竖直方向的四面墙体施加的围压均为设定的值。每一个时间步都会重新计算一次墙体应施加的应力并换算成墙体移动速度,不断循环,就可以达到预压的目的。在预压过程中,通过 PFC 内嵌的测量圆（measure）功能按图 7.26 所示布置测量圆,实时监测并计算测量圆内各参数的变化。

当模型中颗粒-颗粒、颗粒-墙体间不平衡力与所有力之和比值小于 1×10^{-5} 时认为模型达到基本平衡状态,即 solve aratio 1e-5,此时预压结束。

3. 柔性颗粒膜伺服

在颗粒离散元模型中,存在刚性伺服与柔性颗粒膜伺服两种方式。前文提到,室内平面应变试验为无侧限试验,因此本试验模型将传统试验模型中两个侧向刚性墙体分别替换为两列由相同大小颗粒组成的柔性颗粒膜,如图 7.27 所示,柔性颗粒膜粒径为 0.2mm。

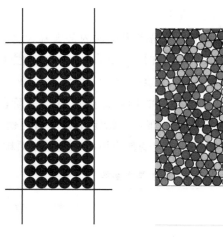

图 7.26　试样测量圆分布 　　　图 7.27　柔性颗粒膜伺服

在施加柔性颗粒膜前，采用 wall delete 命令删除之前左右两侧的刚性墙体，并用 wall create vertices 命令生成异型墙体（图 7.28）模拟室内试验中的加载板，相关程序如下：

wall create vertices $[-\mathrm{wlx}*0.5]\,[\mathrm{wly}*0.5*1.5]\,[-\mathrm{wlx}*0.5]\,[\mathrm{wly}*0.5]$

wlx：左右墙间距；wly：上下墙间距

$[-\mathrm{wlx}*0.5]\,[\mathrm{wly}*0.5]\,[\mathrm{wlx}*0.5]\,[\mathrm{wly}*0.5]$　　　　　　　　　　以坐标形式生成异型

$[\mathrm{wlx}*0.5]\,[\mathrm{wly}*0.5]\,[\mathrm{wlx}*0.5]\,[\mathrm{wly}*0.5*1.5]$ id 1　　　　　　生成上加载板

wall create vertices $[-\mathrm{wlx}*0.5]\,[-\mathrm{wly}*0.5*1.5]\,[-\mathrm{wlx}*0.5]\,[-\mathrm{wly}*0.5]$

　　　　$[-\mathrm{wlx}*0.5]\,[-\mathrm{wly}*0.5]\,[\mathrm{wlx}*0.5]\,[-\mathrm{wly}*0.5]$

　　　　$[\mathrm{wlx}*0.5]\,[-\mathrm{wly}*0.5]\,[\mathrm{wlx}*0.5]\,[-\mathrm{wly}*0.5*1.5]$ id 2　　　　生成下加载板

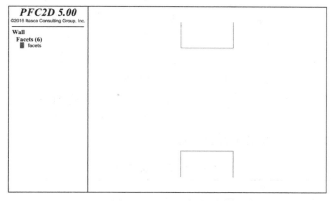

图 7.28　异型加载墙

试验过程中，将膜颗粒黏结起来模拟柔性膜，膜颗粒间的黏结则是采用接触黏结模型进行模拟，以保证颗粒间只传递力而不传递力矩。指定颗粒膜模量为一般橡胶的模量——10e6Pa，同时将黏结强度设置为 1e300Pa，防止加载过程中颗粒膜的破坏。

cmat default type ball - ball model linearcbond method deformability　施加接触黏结模型

emod 10e8 kratio 1.5 property fric 5.0

cmat add 2 model linearcbond method deform emod 10e6 kratio 1.5

property cb _ tenf 1e300 cb _ shearf 1e300 rgap [bianjie _ rad * 0.01] 较大的黏结强度值

range groupleft _ bianjie　　　　　　　　　　黏结左侧颗粒膜

cmat add 3 model linearcbond method deform emod 10e6 kratio 1.5

property cb _ tenf 1e300 cb _ shearf 1e300 rgap [bianjie _ rad * 0.01] 较大的黏结强度值

range groupright _ bianjie　　　　　　　　　　黏结右侧颗粒膜

试验围压则是通过对膜颗粒施加等效集中力进行模拟，在每一步的计算中，通过伺服调整颗粒膜上施加的等效力集中力（取 5kPa）维持柔性膜稳定。图 7.29 为膜颗粒上施加的等效集中力计算示意图，对于任意的一个膜颗粒，施加于其上的等效集中力 F 可用式（7.20）和式（7.21）进行计算。

$$F_x = 0.5 \cdot (l_{12}\cos\theta + l_{23}\cos\beta)\sigma_{\mathrm{confining}} \tag{7.20}$$

$$F_y = 0.5 \cdot (l_{12}\sin\theta + l_{23}\sin\beta)\sigma_{\mathrm{confining}} \tag{7.21}$$

式中：F_x 为施加在颗粒 2 上 x 方向的等效集中力；F_y 为施加在颗粒 2 上 y 方向的等效集中

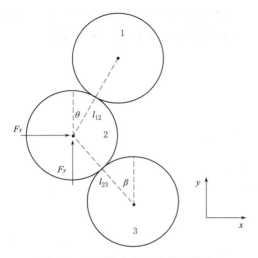

图 7.29　膜颗粒上施加的等效集中力
计算示意图

力；l_{12} 为颗粒 1、颗粒 2 球心间距离；l_{23} 为颗粒 2、颗粒 3 球心间距离；$\sigma_{\text{confining}}$ 为试验施加的伺服等效力。

柔性颗粒膜伺服平衡方法与预压计算相同，当不平衡力的比值达到 1×10^{-5} 以后，程序计算自动停止，柔性颗粒膜伺服平衡。

4. 轴向加载

轴向加载、进行压缩是平面应变试验数值建模的最后一步。为了数值模拟的真实性，本研究以室内试验六种试验条件为基础，对颗粒分别施加两种接触模型，进行共计 12 种试验条件下的模拟试验，如表 7.12 所示。

轴向加载、进行压缩是按照室内试验标准对上、下异型墙施加一定应变速率实现的。在加载前，需将之前设定的线性接触模型改为接触黏结模型或平行黏结模型并赋予合理的接触细观参数。

表 7.12　数值模拟试验条件

接触模型	温度/℃	应变速率/min^{-1}
接触黏结模型 平行黏结模型	−2	1×10^{-2}
		1×10^{-3}
		1×10^{-4}
	−5	1×10^{-2}
		1×10^{-3}
		1×10^{-4}

室内试验时选取的轴向加载速率相对较小，如按室内试验实际加载速率进行计算，所需计算时间过长。由于本书旨在探究试样平面应变条件下局部应变的发展情况，根据蒋明镜等的研究结论，加载速度稍微加快时对强度及剪切带的性质影响不大，为了在模拟准确性与计算效率中取平衡，数值模拟中将加载速率分别提高 10 倍进行压缩。除了布置测量圆监测试样变化状况外，还可通过编制程序代码进行一些试样整体参数的监测，如监测应力、位移值，即可通过计算实时输出所需曲线图，具体计算代码如下：

```
def computer _ juli
wlx＝wall. pos. x（wpRight）−wall. pos. x（wpLeft）          计算左右墙之间距离
wly＝wall. pos. y（wpUp）−wall. pos. y（wpDown）             计算上下墙之间距离
end
def computer _ stress _ strain                            定义应力应变计算函数
q＝wsxx−txx
weyy＝（−1）＊（Iy0−（wall. facet. pos. y（ftup）−wall. facet. pos. y（ftdown）））/Iy0          平均应变计算法
wsxx＝（wall. force. contact. y（wpUp）−wall. force. contact. y（wpDown））＊0.5/wlx   计算接触的平均应力
```

end

set fish callback －1.1 @computer _ stress _ strain

history delete　　　　清除 history 中已有值

history id 1 @wsxx　　　定义三个监控变量

history id 2 @weyy

history id 3 @q

通过观察室内试验获得的轴向应力-应变关系曲线可以发现，在轴向应变到达 20％左右，轴向应力保持稳定，试样到达残余强度阶段且应力值不会产生较大波动。因此在轴向加载阶段，通过编制程序代码使试样轴向应变达到 20％时停止计算。具体控制代码如下：

［stop _ me＝0］

defstop _ me　　　　　　　定义终止条件

　　　ifweyy＜－20e－2 then　　当轴向应变小于 20％循环计算

　　　 stop _ me＝1　　　　当轴向应变大于 20％终止计算

　　　endif

　　end

计算终止后通过 save 命令储存所有计算结果，通过 plot 界面输出所需图形。

7.2.3　参数标定

在搭建的平面应变数值模拟平台的基础上，为了更好地反映数值模拟试样的力学特性，需要将材料的宏观力学特性与细观参数相匹配，即根据室内试验结果，通过"试错法"确定两种模型的细观参数，实现对模拟对象宏观物理力学行为的再现。

根据前人相关研究及 PFC 软件内嵌的 HELP 菜单可知，对于线性接触黏结模型而言，其主要的细观控制参数包括有效接触模量、法向接触刚度、切向接触刚度、摩擦系数、接触的法向黏结强度和切向黏结强度。其中，有效接触模量和法切刚度比控制材料的宏观变形；摩擦系数、接触的法向黏结强度和切向黏结强度控制材料的宏观强度，黏聚力主要和接触处的黏结强度有关，并随黏结强度的增大而增大。在进行参数标定时，由于强度参数的选择对材料变形特性没有影响，因此先标定变形参数——有效接触模量和法切刚度比，之后调整强度参数使应力-应变关系曲线与室内试验结果匹配，标定这些参数的关键在于通过与试验结果的比较和调整，使模拟结果与实际行为相符合，以提高模型的准确性和可靠性。接触黏结模型细观参数如表 7.13 所示。

表 7.13　　　　　　　　　　　接触黏结模型细观参数

温度/℃	应变速率 /min^{-1}	有效接触模量 /Pa	法向接触刚度 /10^6Pa	切向接触刚度 /10^6Pa	法向黏结强度 /10^6Pa	切向黏结强度 /10^6Pa	摩擦系数
	1×10^{-2}	3.3×10^7	10	10	25.0	16.7	0.150
－2	1×10^{-3}	2.6×10^7	10	10	23.0	15.5	0.138
	1×10^{-4}	2.3×10^7	10	10	21.0	14.0	0.125
	1×10^{-2}	6.2×10^7	15	15	35.6	20.2	0.330
－5	1×10^{-3}	5.3×10^7	15	15	34.3	19.3	0.300
	1×10^{-4}	4.7×10^7	15	15	33.7	18.6	0.250

相比于接触黏结模型，平行黏结模型细观参数较多，若综合考虑则标定难度较大。因此本书参考 Potyondy 等的研究方法，假定颗粒接触参数与平行黏结模型一致，即线性组刚度比、有效模量、摩擦系数均与平行黏结组相等。因此本书标定主要的细观参数：有效接触模量、法切刚度比、摩擦系数、接触的法向黏结强度和切向黏结强度。与接触黏结模型标定方法相似，先标定变形参数，之后调整强度参数使应力-应变关系曲线与室内试验结果匹配。平行黏结模型细观参数如表 7.14 所示。

表 7.14　　　　　　　　　　　　平行黏结模型细观参数

温度 /℃	应变速率 /min^{-1}	黏结半径 乘子	有效接触 模量/Pa	平行黏结 刚度比	法向黏结强 度/10^{6}Pa	切向黏结强 度/10^{6}Pa	内摩擦角 /(°)	摩擦系数
	1×10^{-2}		3.1×10^7	1.0	23.5	31.6	50	0.345
-2	1×10^{-3}		2.5×10^7	1.0	20.3	26.5	50	0.337
	1×10^{-4}	1	1.7×10^7	1.0	17.5	22.3	50	0.320
	1×10^{-2}		5.7×10^7	1.5	28.8	45.5	55	0.380
-5	1×10^{-3}		4.7×10^7	1.5	26.5	38.3	55	0.355
	1×10^{-4}		4.0×10^7	1.5	24.7	30.6	55	0.328

本节搭建了 PFC2D 平面应变试验数值模拟程序框架。对本研究采用的两种接触模型——接触黏结模型和平行黏结模型的力学机理及差异进行了分析；详细介绍了平面应变试验数值模拟平台的搭建步骤，并对每个步骤的要点以及具体程序文件进行解析；根据前人研究成果及 PFC 内嵌的 HELP 菜单对两种接触模型所需细观参数进行了标定，搭建了完整的 PFC2D 平面应变试验数值模拟程序框架。

7.3　细观参数与宏观力学行为的联系

本节在搭建的 PFC2D 平面应变试验数值模拟框架基础上，选用接触黏结模型和平行黏结模型，结合标定的细观参数，进行不同温度和应变速率条件下的冻结砂平面应变试验数值模拟研究，获取各试验条件下的应力-应变曲线及位移场的发展过程，进一步揭示土体微细观参数与其宏观力学行为及局部应变特征间的联系。

7.3.1　接触黏结模型计算结果分析

1. 应力-应变曲线

选用接触黏结模型结合标定的细观参数，计算获得冻结砂在不同温度和应变速率条件下的应力-应变曲线如图 7.30 所示。将数值模拟曲线与室内试验曲线进行对比发现（图 7.31），无论是室内试验还是离散元数值模拟结果，冻结砂在平面应变条件下的应力-应变曲线均可分为三个阶段。首先，轴向应力随着轴向应变的增大而增大，在其到达应力峰值后逐渐减小，减小到一定值时轴向应力保持不变。轴向应力-应变发展的三个阶段分别对应应变硬化、应变软化和残余强度阶段。

从图 7.31（a）中可以看出，温度为 -2℃、应变速率为 $1.0\times10^{-2}\text{min}^{-1}$ 条件下，室内试验实测曲线与数值模拟曲线的应力峰值阶段基本重合，峰值应力约为 5.2MPa，峰值应力对应的轴向应变值相同，均为 1.3%；当应变速率为 $1.0 \times 10^{-3} \mathrm{min}^{-1}$ 和 $1.0 \times 10^{-4} \mathrm{min}^{-1}$ 时，室内试验实测曲线应力峰值阶段持续时间较长，其值大致稳定在 4.3MPa 和 4.0MPa，对应试验条件下数值模拟曲线峰值应力与室内试验值基本相同，且曲线的残余强度值也相同，约为 2.4MPa 和 2.3MPa。温度为 $-5℃$，三种应变速率条件下室内试验实测曲线与数值模拟曲线的应力峰值、应力峰值对应轴向应变及残余强度值基本相同。综上所述，根据数值模拟计算所得的应力-应变曲线与室内试验实测曲线的高度一致性，说明接触黏结模型对模拟冻结砂间的胶结作用具有较高的适用性。

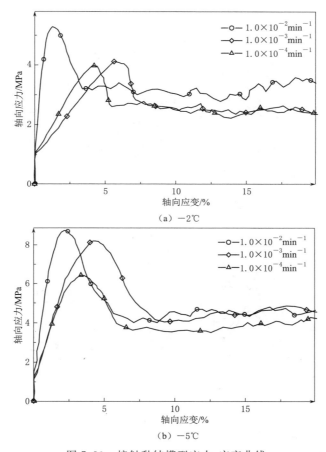

图 7.30 接触黏结模型应力-应变曲线

观察图 7.31 发现，采用接触黏结模型进行数值模拟计算获得的应力-应变曲线与室内试验实测曲线大致吻合，即各阶段代表值基本相同，但数值模拟试验计算得到的应力-应变曲线表现出更为明显的应变软化现象，即曲线到达峰值强度后下降速率过快，这与室内试验的应力-应变曲线形态存在较大差异。根据式（7.6）计算获得数值模拟曲线应变软化阶段的应变软化程度如表 7.15 所示。

根据表 7.15 计算所得数据绘制不同应变速率条件下应力-应变曲线应变软化程度线性拟合曲线如图 7.32 所示，室内试验实测曲线中，$-5℃$ 条件下应力-应变曲线的应变软化程度高于 $-2℃$ 条件下的应变软化程度，表现为 $-5℃$ 条件下曲线应变软化阶段的斜率均大于−2℃条件下曲线应变软化阶段的斜率，且随着应变速率的提高，应变软化程度也逐渐提高。而在数值模拟计算获得的应力-应变曲线中，不同应变速率条件下曲线的应变软化程度较为稳定，拟合曲线趋近于一条直线。从整体上来看，数值模拟曲线的应变软化程度明显高于室内试验实测曲线，即数值模拟计算过程中，试样应变软化阶段发展过快。出现上述现象的原因是接触黏结模型仅能传递力，无法传递力矩，不考虑冻土颗粒对转动的抵抗作用，与冻土内部实际黏结结构存在一定差别。除上述原因外，采用圆盘模拟冻土颗粒，随着不断压缩，颗粒之间相互嵌固及咬合作用力减弱，对抗剪强度贡献减少，也导致这种偏差增大。

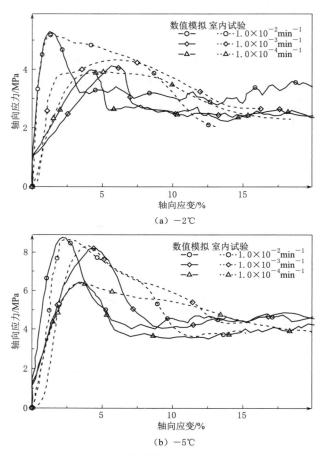

图 7.31　数值模拟与室内试验对比图

表 7.15　　　　　　　　　　室内试验与数值模拟曲线应变软化程度

温度/℃	−2			−5		
应变速率/min^{-1}	1.0×10^{-2}	1.0×10^{-3}	1.0×10^{-4}	1.0×10^{-2}	1.0×10^{-3}	1.0×10^{-4}
室内试验 S_{td}/MPa	26.6	17.5	14.5	60.4	41.8	14.8
接触黏结模型 S_{td}/MPa	112.0	118.2	116.4	100.2	88.6	90.7

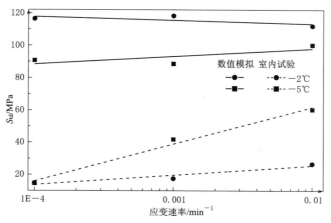

图 7.32 数值模拟与室内试验对比图

2. 细观参数与温度和应变速率关系

在选用接触黏结模型进行冻结砂的数值模拟时,通过设置颗粒间的接触黏结模型可模拟冻结砂中冰的胶结力。由于接触黏结模型主要通过细观颗粒单元体间的法向黏结力和切向黏结力来表征,因此,研究切向黏结力和法向黏结力对冻土材料宏观特性的影响尤为必要。

图 7.33 为不同温度条件下黏结强度与应变速率拟合线,从图中可以看出,温度越低,法向和切向黏结强度均越大,温度对法向黏结强度的影响要大于切向黏结强度。在温度一定条件下,应变速率越高,法向和切向黏结强度越大,由图中拟合直线斜率可以看出,应变速率对切向黏结强度的影响大于法向黏结强度。胶结冰是影响冻结砂黏结强度的重要因素,在一定温度范围内,温度越低,冰的黏结强度越高、硬度越大,从而对应细观参数中法向和切向黏结强度的提高。

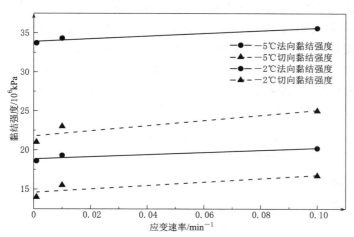

图 7.33 不同温度条件下黏结强度与应变速率拟合线

图 7.34 为不同温度条件下黏结强度与峰值强度拟合线,随着法向和切向黏结强度的升高,峰值应力会出现较大幅度增加,且由拟合曲线斜率可以看出,温度越低,法向和切向黏结强度对峰值应力的影响越大。

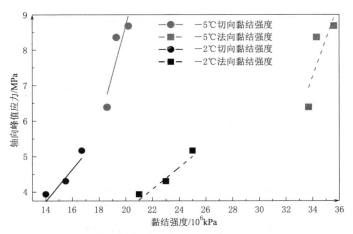

图 7.34　不同温度条件下黏结强度与峰值强度拟合线

随着黏结力的增加，颗粒间黏结的破裂需要更大的粒间作用力，当颗粒间的黏结破裂后，颗粒间的接触关系就变为线性接触，此时摩擦力开始对冻结砂的抗剪强度发挥作用，所以表现为细观颗粒间黏结力的提高。冻土发生破坏的难度进一步加大，宏观峰值强度增加。与法向黏结力相同，切向黏结力的增加同样会导致峰值应力大幅度增加。这是由于土体的强度主要依靠土颗粒的抗剪能力，而切向黏结力的增加能够很大程度上地提升冻土的抗剪强度，所以试样的峰值应力及其对应的轴向应变都随着切向黏结力的增大而大幅度增加。

图 7.35 为不同温度条件下摩擦系数与应变速率拟合线，从图中可以看出，在温度降低和应变速率增大的条件下，颗粒间的摩擦系数均会增大。图 7.36 为不同温度条件下摩擦系数与峰值强度拟合线，在不同温度条件下，峰值应力均随摩擦系数的增加而增加。在颗粒流模拟中，黏结强度和摩擦系数两个参数都会对材料的强度产生影响，在变形前期以黏结强度为主，黏结破坏后摩擦系数占主导地位。在颗粒间相对位移较小的时候，材料强度以颗粒间的黏结为主，随着颗粒间相对位移的增大，颗粒间的黏结开始产生破坏，颗粒间的接触关系退化为线性接触，摩擦力对冻结砂的抗剪强度发挥作用，对应宏观应力-应变曲线残余强度阶段，因此摩擦系数与数值模拟曲线的残余强度有密切关系，对其起到决定性作用。

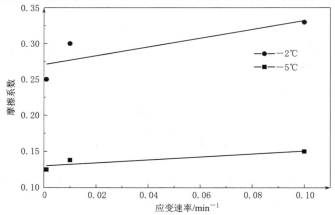

图 7.35　不同温度条件下摩擦系数与应变速率拟合线

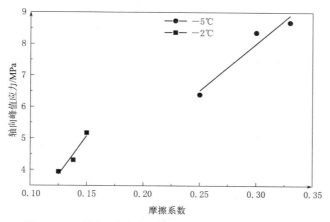

图 7.36　不同温度条件下摩擦系数与峰值强度拟合线

3. 位移场云图

（1）剪切带的形成及发展过程。为进一步探究接触黏结模型进行冻结砂模拟时试样内部剪切带的形成及发展过程，与室内试验处理方法相同，在数值模拟计算所得的应力-应变曲线上选取具有代表性的 5 个点输出对应的颗粒位移场云图，探究试样内部颗粒在压缩条件下位移的发展情况。根据选点图获得每条曲线对应应变值时的颗粒位移场云图，如图7.37 和图 7.38 所示。

综合分析六种试验条件下的应力-应变曲线和位移场云图发现，在应力-应变曲线上升阶段，试样上下两端的颗粒首先发生移动，并递进式向试样中部发展，离加载板越近，颗粒位移越大，由于试样中心位置颗粒受到来自各个方向颗粒的挤压难以移动，因此试样中心位置颗粒位移近似为 0mm。试样整体颗粒位移场分布均匀，在进行轴向加载之前，试样经过预压以及柔性颗粒膜伺服，试样内部土体结构相对均匀、不同区域差异较小，从而使位移场分布相对均匀。随着轴向应变不断增大，试样内不发生移动或移动距离较小的颗粒数量不断减少，从应力峰值到残余强度阶段，剪切带逐渐清晰，最终贯穿试样。

如前所述，基于颗粒流理论的数值模拟与室内试验所得应力-应变曲线的峰值强度及残余强度基本相同，但就应变软化阶段的发展速度而言，数值模拟结果明显快于实测结果。这表明土体细观参数中的黏结强度及切向摩擦系数能够在宏观上很好反映土体破坏时的应力状态，但其破坏过程则还受控于土体颗粒间对相对旋转的抵抗作用。如图 7.39 和图 7.40 所示，为进一步探究各力学参数对土体局部应变发展过程及其最终形态的影响，以温度 -2℃、应变速率 $1 \times 10^{-2} \mathrm{min}^{-1}$ 的实测和计算结果为例，在室内试验和数值模拟获得的应力-应变关系曲线上分别选取五个具有代表性的点分析剪切带的形成过程及各阶段的形态。

图 7.40（a）为室内试验剪应变云图，从图中可以看出，当轴向应变为 1％时，剪应变场分布均匀，此时处于应变硬化阶段。当轴向应变为 3％时，局部应变开始集中在试样中部位置，并具有一定的倾斜角度，这是由于室内试验试样内部存在一定的初始缺陷且试验条件不能做到完全理想化导致的。轴向应力达到峰值后，轴向应力-应变曲线进入应变软

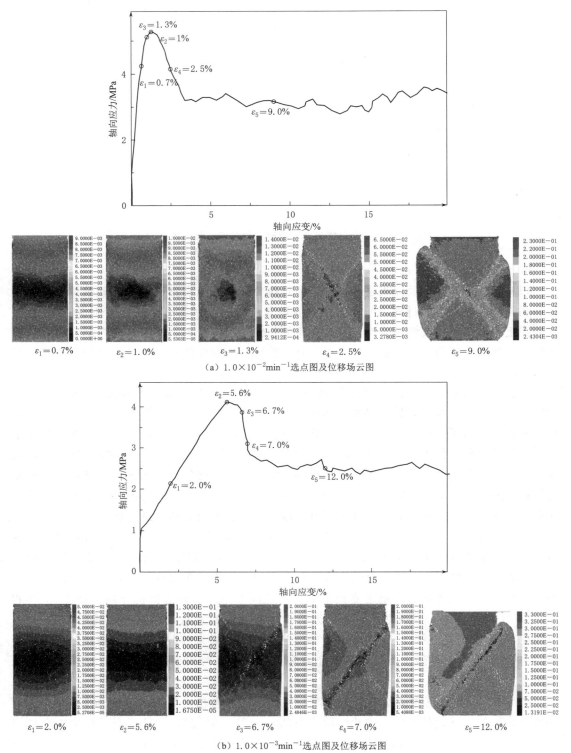

（a）$1.0 \times 10^{-2} \mathrm{min}^{-1}$选点图及位移场云图

（b）$1.0 \times 10^{-3} \mathrm{min}^{-1}$选点图及位移场云图

图7.37（一）　$-2^{\circ}\mathrm{C}$应力-应变曲线选点图及位移场云图

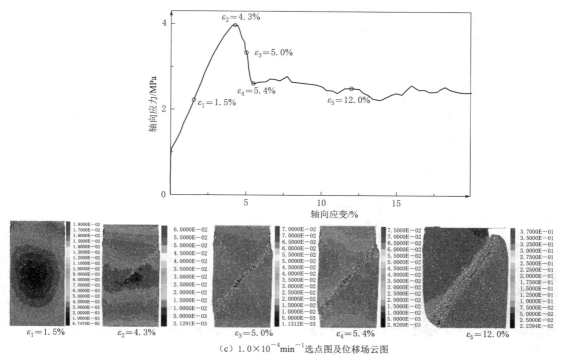

（c）$1.0 \times 10^{-4} \text{min}^{-1}$选点图及位移场云图

图7.37（二）　－2℃应力-应变曲线选点图及位移场云图

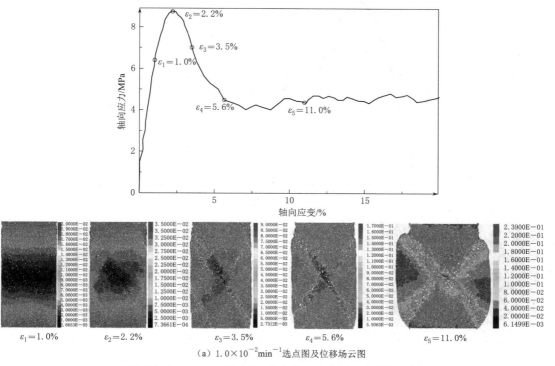

（a）$1.0 \times 10^{-2} \text{min}^{-1}$选点图及位移场云图

图7.38（一）　－5℃应力-应变曲线选点图及位移场云图

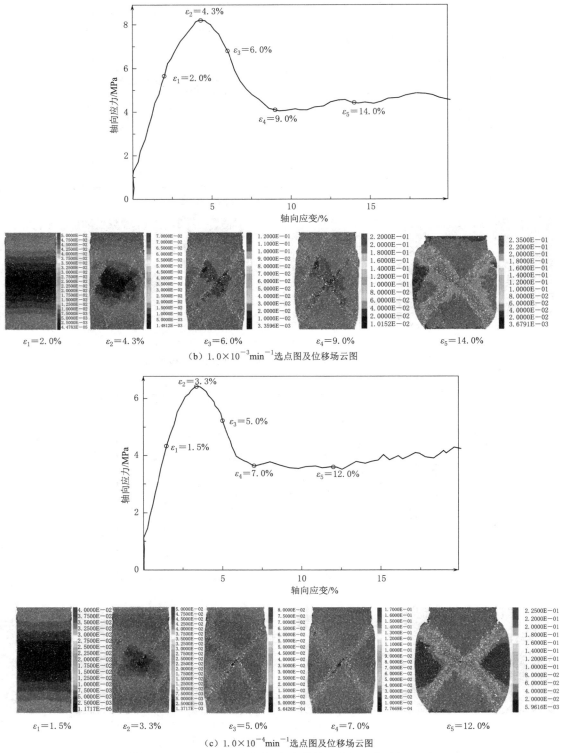

（b）$1.0 \times 10^{-3} \text{min}^{-1}$ 选点图及位移场云图

（c）$1.0 \times 10^{-4} \text{min}^{-1}$ 选点图及位移场云图

图 7.38（二）　-5℃应力-应变曲线选点图及位移场云图

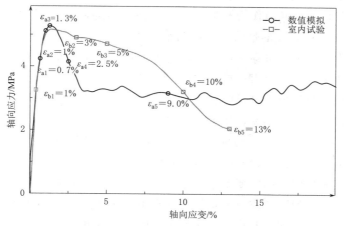

图 7.39 $-2℃$ ，$1×10^{-2}min^{-1}$ 应力-应变曲线选点图

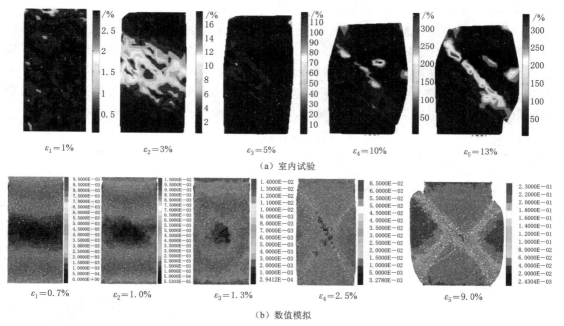

（a）室内试验

（b）数值模拟

图 7.40 $-2℃$ ，$1×10^{-2}min^{-1}$ 剪应变云图及位移场云图

化阶段，随着轴向应变的增大，局部剪切应变逐渐集中，从轴向应变为 5.0% 、10.0% 、13.0% 的剪切应变场可以看出，在应变软化阶段，剪应变逐渐集中在倾斜带附近形成了清晰的剪切带。当应力-应变曲线进入残余强度阶段时，剪切带贯穿试样。

图 7.40（b）为数值模拟获得的试样颗粒位移场云图，从图中可以看出在加载的初始阶段，$\varepsilon_1=0.7\%$ 时，颗粒位移场分布均匀，且离加载板越近，颗粒位移越大，试样中部颗粒位移为 0；当 $\varepsilon_2=1.0\%$ 时，加载板附近颗粒位移逐渐增大，位移场中部位移较小区域面积收缩，此时对应应力-应变曲线的峰值应力阶段；当 $\varepsilon_3=1.3\%$ 时，位移场中部位移

较小区域收缩至试样正中心，并有向试样四角延伸的趋势，即剪切带雏形逐步形成且其方向初步确定，此时试样内同时作用有黏结力和摩擦力；当 $\varepsilon_4=2.5\%$ 时，试样处于应变软化阶段，位移较小区域呈 X 形带状向试样四角延伸，剪切带已经较为清晰；当 $\varepsilon_5=9.0\%$ 时，剪切带已经十分清晰且贯穿试样，颗粒间黏结基本完全断裂。此时，摩擦力对冻结砂的抗剪强度发挥作用，对应应力-应变曲线的残余强度阶段。

通过对比发现，数值模拟过程中剪切带形成较早，在峰值应力阶段已经初具雏形，而室内试验时，剪切带出现在应变软化阶段。这一差异仍然源于冻土颗粒间胶结冰对颗粒转动的抵抗作用。实际土样中，颗粒间存在的胶结冰对力矩的抵抗作用能够将变形均匀地分布在土样的每个区域，因而在轴向应力达到峰值之前总体应变较小时，土体的局部应变分布较为均匀，没有明显的局部应变聚集现象；对于数值模拟结果，由于本书采用的接触黏结模型不考虑土颗粒间的胶结冰对力矩的抵抗作用，在轴向应力达到峰值时，土颗粒间缺少额外的力矩将较大的局部应变均匀传递到土样的其他区域，因而数值模拟与试验获得的应力-应变曲线及剪切带的形成发展过程存在一定差异，但应力-应变曲线的峰值强度及其对应应变、残余强度、最终形成的剪切带倾角值基本相同。

（2）剪切带倾角。通过分析各试验条件下的颗粒位移场云图可知，在残余强度阶段，试样剪切带已经十分清晰并贯穿试样，因此，如表 7.16 所示，分别选取各试验条件下残余强度阶段时刻应变对应的颗粒位移场云图按图 7.19 所示方法测量剪切带倾角。对表 7.16 所示各试验条件下残余强度阶段对应应变的剪应变云图进行后处理得到六条剪切带的倾角值，并与室内试验实测值进行对比，如表 7.17 所示。

表 7.16　位移场云图的输出条件

温度/℃	应变速率/min^{-1}	对应应变/%	位移场云图
−2	1.0×10^{-2}	9.0	
	1.0×10^{-3}	12.0	
	1.0×10^{-4}	12.0	

续表

温度/℃	应变速率/min^{-1}	对应应变/%	位移场云图
	1.0×10^{-2}	11.0	
-5	1.0×10^{-3}	14.0	
	1.0×10^{-4}	12.0	

表 7.17 剪 切 带 倾 角 值

温度/℃	应变速率/min^{-1}	$\theta_{实}/(°)$	$\theta_c/(°)$
	1.0×10^{-2}	47.2	51.5
-2	1.0×10^{-3}	52.7	49.8
	1.0×10^{-4}	50.5	47.5
	1.0×10^{-2}	57.5	56.2
-5	1.0×10^{-3}	54.5	52.5
	1.0×10^{-4}	55.3	50.3

由表 7.17 可知，数值模拟与室内试验实测结果在相同温度条件下，剪切带倾角值随应变速率在小范围内随机变化，-2℃条件下，剪切带倾角值变化范围为 47.5°～51.5°，-5℃条件下，剪切带倾角值变化范围为 50.3°～56.2°，应变速率对剪切带倾角值影响不大。应变速率相同条件下，温度越低，剪切带倾角值越大。数值模拟所测得剪切带倾角与室内试验测得结果基本一致，表明数值模拟与室内试验剪切带形成和发展过程各阶段形态虽然存在显著差异，但最终生成剪切带的倾角值与实测值相同。

基于 Mohr - Coulomb 理论，剪切带倾角可用库仑解表示。在接触黏结模型的切向接触模型中，引入滑动模型来模拟相互接触的颗粒之间的摩擦力 F_{f_c}，它没有法向抗拉强度，但具有切向抗剪强度：

$$F_{f_c}=f_cF_n \tag{7.22}$$

在 Mohr - Coulomb 屈服准则中砂土的抗剪强度 τ_f 与剪切面上的法向应力 σ 和内摩擦角 φ 之间的关系为

$$\tau_f=\sigma\tan\varphi \tag{7.23}$$

式（7.22）和式（7.23）在形式上相似，因此假定摩擦系数 f_c 在数值上近似于 $\tan\varphi$。

破坏面与最大主应力面之间的夹角为

$$\theta_m = \pi/4 + \varphi/2 \qquad\qquad (7.24)$$

将利用细观参数根据式（7.22）至式（7.24）计算得到的剪切带倾角值 θ_{f_c} 与数值模拟计算得到的剪切带倾角值 θ_c 和实测剪切带倾角值 $\theta_实$ 列于表 7.18 中。

表 7.18　　　　　　　　　　　不同试验条件下剪切带倾角

温度/℃	应变速率/min^{-1}	$\theta_实$/(°)	θ_c/(°)	θ_{f_c}/(°)
−2	1.0×10^{-2}	47.2	51.5	49.27
	1.0×10^{-3}	52.7	49.8	48.94
	1.0×10^{-4}	50.5	47.5	48.56
−5	1.0×10^{-2}	57.5	56.2	54.14
	1.0×10^{-3}	54.5	52.5	53.32
	1.0×10^{-4}	55.3	50.3	51.97

从表 7.18 中可以看出，三种情况下剪切带倾角值基本相同，这说明细观参数中的摩擦系数 f_c 是影响土体最终破坏形态的主要因素。上述结果表明冻结砂剪切带倾角值同样符合经典土力学中的库仑解，表征土体细观剪切强度特征的摩擦系数 f_c 与内摩擦角 φ 间通过库仑方程建立的量化关系能够较好地预测土体宏观的剪切带倾角，这说明土体的最终破坏形态主要受控于细观颗粒间的摩擦系数。

本节赋予了冻结砂颗粒间接触黏结模型，进行了六种试验条件下的平面应变数值模拟试验，获得了应力-应变曲线及位移场云图，并与室内试验结果进行了比较。选用接触黏结模型获得的应力-应变曲线与室内试验曲线形态基本一致，但由于接触黏结模型不考虑土颗粒间的胶结冰对转动的抵抗作用，应变软化阶段发展较快；数值模拟过程中剪切带形成较早，在峰值应力阶段已经初具雏形，而室内试验时，剪切带出现在应变软化阶段；试样的剪切带倾角值主要受控于接触黏结模型中的细观摩擦系数 f_c。

7.3.2　平行黏结模型计算结果分析

1. 应力-应变曲线

图 7.41 和图 7.42 分别为选用平行黏结模型计算获得的应力-应变曲线及数值模拟与室内试验曲线对比图，从图中可以看出选用平行黏结模型结合标定的细观参数计算获得的应力-应变曲线与室内试验曲线形态相似，均具有应变硬化、应变软化和残余强度阶段。

从图 7.42 中可以看出，选用平行黏结模型计算所得的应力-应变关系曲线与室内试验实测曲线基本吻合。六种试验条件下，数值模拟曲线与室内试验实测曲线应变硬化阶段吻合较好，但在 −2℃ 条件下，室内试验应力-应变曲线在峰值强度阶段停留较长，且应变软化阶段发展较快；如图 7.43 所示，−5℃ 条件下室内试验曲线应变软化阶段曲线有明显的"拱起"现象，将应变软化阶段分为两部分，而数值模拟获得的曲线应变软化阶段不存在"拱起"现象，整体发展平滑。这是由于在加载过程中，室内试验试样压缩到一定程度会发生胶结冰及砂土颗粒压碎现象，在压碎冰及砂土颗粒过程中，试样内部会产生较大抗力。同时，破碎的颗粒会填充试样孔隙，试样体积进一步密实，反映在应力-应变曲线上即为应变软化阶段曲线的"拱起"；在数值模拟过程中，假定颗粒为刚体，在受到压缩时不会产生变形破坏，曲线形态完全取决于细观参数，因此通过数值模拟获得的应力-应变曲线整体发展较为平滑。同时，平行黏结模型既可传递力，又可传递力矩，其抵抗转动的平行黏结能够有效增强宏观层面的塑性变形能力，在应力-应变曲线上表现为应变软化阶段随着应变的增加，轴向应力降低速度较慢。

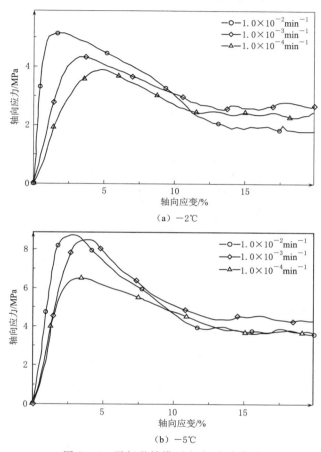

图 7.41 平行黏结模型应力-应变曲线

相较于接触黏结模型，选用平行黏结模型进行数值模拟计算获得的应力-应变曲线与室内试验实测曲线更加吻合，峰值应力对应应变及残余强度值均大致相同。为探究平行黏结模型在模拟曲线应变软化阶段的适用性，根据式（7.6）计算获得数值模拟曲线应变软化阶段应变软化程度如表 7.19 所示。

表 7.19　　　　　　　　　　　室内试验与数值模拟曲线应变软化程度

温度/℃	-2			-5		
应变速率/min^{-1}	1.0×10^{-2}	1.0×10^{-3}	1.0×10^{-4}	1.0×10^{-2}	1.0×10^{-3}	1.0×10^{-4}
室内试验 S_{td}/MPa	26.6	17.5	14.5	60.4	41.8	14.8
接触黏结模型 S_{td}/MPa	112.0	118.2	116.4	100.2	88.6	90.7
平行黏结模型 S_{td}/MPa	28.8	17.9	13.6	54.2	46.9	26.5

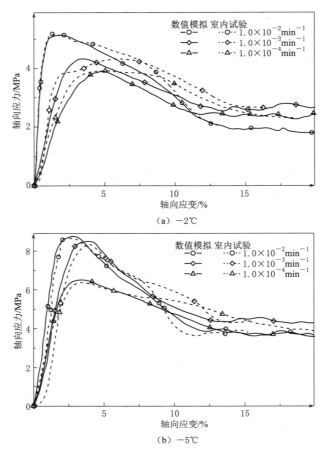

图 7.42 数值模拟与室内试验对比图

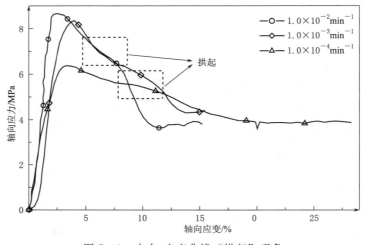

图 7.43 应力-应变曲线"拱起"现象

根据表 7.19 计算所得数据可以看出，相较于接触黏结模型，选用平行黏结模型计算所得应力-应变曲线应变软化程度值与室内试验实测值更为吻合，应变软化阶段曲线斜率与室内试验实测曲线基本相同。平行黏结模型在模拟冻结砂间的胶结作用时有更强的适用性。

2. 细观参数与温度和应变速率关系

在平行黏结模型中，模型参数较多，本次研究简化为平行黏结有效模量 $\overline{E}^*$、法向黏结强度 $\overline{\sigma}_c$、切向黏结强度 $\overline{c}$、平行黏结刚度比、平行黏结内摩擦角 $\overline{\varphi}$ 及摩擦系数 6 个细观参数作为研究对象。在平行黏结模型中，颗粒间同样作用有黏结作用和摩擦作用，颗粒间相对位移较小的时候，材料强度以颗粒间的黏结为主，随着颗粒间相对位移的增大，颗粒间的黏结开始产生破坏，颗粒间产生相对滑动，并且产生摩擦作用。

图 7.44 为不同温度条件下黏结强度与应变速率拟合线，从图中可以看出，-5℃条件下，法向黏结强度和切向黏结强度均大于-2℃。在温度一定条件下，应变速率越高，法向和切向黏结强度越大。与接触黏结模型相似，在一定温度范围内，温度越低，试样的黏结强度越高，对应细观参数中法向和切向黏结强度的提高。

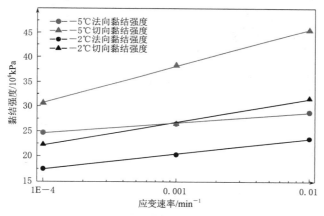

图 7.44　不同温度条件下黏结强度与应变速率拟合线

土的破坏通常都是剪切破坏，土体的强度问题实质上就是土的抗剪强度问题，相较于接触黏结模型，在平行黏结模型中，切向黏结强度 $\overline{c}$ 和平行黏结内摩擦角 $\overline{\varphi}$ 均表征为细观剪切强度参数，如图 7.45 所示，切向黏结强度越高，曲线的峰值强度就越高。根据室内试验结果可知，-2℃和-5℃条件下，试样的剪切带倾角值约为 50°和 55°，因此假定两种情况条件下平行黏结内摩擦角 $\overline{\varphi}$ 分别为 50°和 55°，通过调整切向黏结强度、摩擦系数等细观参数使两种情况下曲线更加吻合。

3. 位移场云图

（1）剪切带的形成与发展。相较于接触黏结模型，平行黏结模型将点接触改为面接触，既可传递力，又可传递力矩。与采用接触黏结模型模拟获得的应力-应变关系曲线相比，平行黏结模型的模拟结果与室内试验结果更加吻合。为进一步说明平行黏结模型在模拟冻结砂时的适用性，如图 7.46 和图 7.47 所示，以温度-2℃，应变速率 $1×10^{-2} \mathrm{min}^{-1}$ 的实测和计算结果为例，在室内试验和数值模拟获得的应力-应变关系曲线上分别选取五个具有代表性的点分析剪切带的形成过程及各阶段的形态。

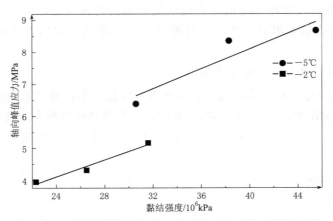

图 7.45 不同温度条件下切向黏结强度与峰值强度拟合线

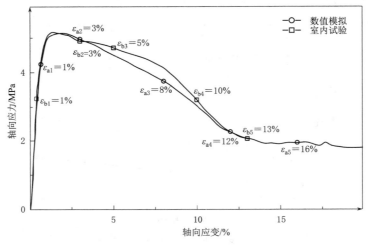

图 7.46 $-2℃$，$1×10^{-2}min^{-1}$ 应力-应变曲线选点图

图 7.47（a）为室内试验剪应变云图，从图中可以看出，当轴向应变为 1%时，剪切应变场分布均匀，冻结砂试样处于应变硬化阶段。当轴向应变为 3%时，剪应变逐步向试样中部集中，应变集中区域呈平行四边形，有较为明显的倾斜角度，中部最大剪应变达到18%；当轴向应变为 5%时，应变场更加集中，平行四边形区域更紧凑，剪切带初具雏形，此时试样处于应力峰值阶段。当试样处于应变软化阶段，即轴向应变达到 7%时，逐渐形成了清晰的剪切带；在残余强度阶段，即轴向应变为 13%左右时，剪切带贯穿试样，试样破坏。

图 7.47（b）为赋予颗粒间平行黏结模型获得的试样颗粒位移场云图，图中各阶段位移场云图对应于图 7.46 中数值模拟结果曲线上所标出的不同轴向应变点。当试样轴向应变为 1%、试样处于应变硬化阶段时，与室内试验云图相似，试样内部位移场分布十分均匀，离加载板越近，试样内部颗粒位移越大，试样中部存在位移为 0 区域，整个位移场呈

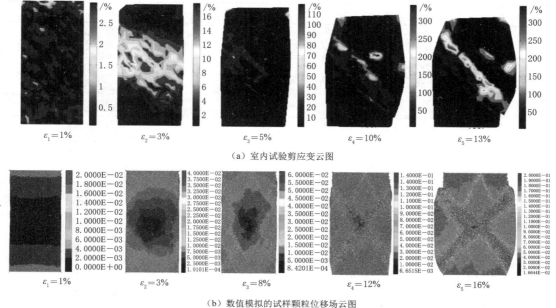

（a）室内试验剪应变云图

（b）数值模拟的试样颗粒位移场云图

图 7.47 $-2℃$，$1×10^{-2}min^{-1}$ 剪应变云图及位移场云图

轴对称分布；当轴向应变达到 3% 时，位移场逐步形成了一个"同心圆"区域，同心圆内部位移量近似为 0，与室内试验云图不同，数值模拟试验位移场云图中"同心圆"处于试样正中央，没有明显的倾斜角度；当轴向应变为 8% 时，颗粒位移场由"同心圆"逐步发展为初具雏形的 X 形剪切带；当轴向应变达到 12%，试样处于应变软化阶段末期，X 形剪切带逐渐清晰；当试样处于残余应力阶段，即轴向应变为 16% 时，X 形剪切带贯穿试样，试样破坏。

通过对比发现，赋予颗粒间平行黏结模型模拟冻结砂的平面应变试验与室内试验过程较为吻合，即在应变硬化阶段，试样内部应变分布均匀；在应力峰值阶段末期至应变软化阶段中期，剪切带初具雏形，到应变软化末期剪切带逐渐清晰；直到残余强度阶段，剪切带贯穿试样，试样破坏，轴向应力基本保持不变。上述结果均表明颗粒间抵抗转动的平行黏结能够有效增强宏观层面的塑性变形能力。

（2）剪切带倾角。与接触黏结模型相同，在残余强度阶段，试样剪切带已经十分清晰并贯穿试样，因此，如表 7.20 所示，分别选取各试验条件下残余强度阶段时刻应变对应的颗粒位移场云图按图 7.19 所示方法测量剪切带倾角。对表 7.20 所示残余强度阶段对应应变的剪应变云图进行后处理得到 6 条剪切带的倾角值 θ_p，并与室内试验实测值 $\theta_{实}$ 进行对比，如表 7.21 所示。

由表 7.21 可知，选用平行黏结模型计算所得试样的剪切带倾角值与室内试验实测值基本相同。剪切带倾角值随应变速率在小范围内随机变化，$-2℃$ 条件下，剪切带倾角值变化范围为 $45.9°\sim50.3°$，$-5℃$ 条件下，剪切带倾角值变化范围为 $52.7°\sim55.1°$，应变速率对剪切带倾角值影响不大。应变速率相同条件下，温度越低，剪切带倾角值越大。在

表 7.20　　　　　　　　　　　　位移场云图的输出条件

温度/℃	应变速率/min^{-1}	对应应变/%	位移场云图
	1.0×10^{-2}	16.0	
-2	1.0×10^{-3}	16.0	
	1.0×10^{-4}	17.0	
	1.0×10^{-2}	16.0	
-5	1.0×10^{-3}	16.0	
	1.0×10^{-4}	18.0	

表 7.21　　　　　　　　　　　　剪 切 带 倾 角 值

温度/℃	应变速率/min^{-1}	$\theta_\text{实}$/(°)	θ_p/(°)
	1.0×10^{-2}	47.2	45.9
-2	1.0×10^{-3}	52.7	50.3
	1.0×10^{-4}	50.5	49.7
	1.0×10^{-2}	57.5	54.6
-5	1.0×10^{-3}	54.5	52.7
	1.0×10^{-4}	55.3	55.1

标定细观参数时，−2℃和−5℃条件下平行黏结内摩擦角 $\bar{\varphi}$ 分别设置为 50°和 55°，从表中数据可以看出，选用平行黏结模型最终计算获得的剪切带倾角值与设置的平行黏结内摩擦角 $\bar{\varphi}$ 值基本相同，说明平行黏结内摩擦角 $\bar{\varphi}$ 决定了试样最终破坏的剪切带倾角值。

本节赋予了冻结砂颗粒间平行黏结模型，进行了六种试验条件下的平面应变数值模拟试验，获得了应力-应变曲线及位移场云图并与室内试验结果进行了比较。选用平行黏结模型获得的应力-应变曲线与室内试验曲线形态较为吻合，表明颗粒间抵抗转动的平行黏结能够有效增强宏观层面的塑性变形能力；数值模拟与室内试验剪切带形成过程基本吻合，在应变硬化阶段，试样内部应变及位移场分布均匀。在应力峰值阶段末期至应变软化阶段中期，剪切带初具雏形，到应变软化末期剪切带逐渐清晰。直到残余强度阶段，剪切带贯穿试样；细观参数中的平行黏结内摩擦角 $\bar{\varphi}$ 决定了土样的最终破坏形态——剪切带倾角。

7.3.3 剪切带形态

通过赋予试样接触黏结模型和平行黏结模型进行数值模拟计算，得到了共计 12 种试验条件下的试样剪切带形态图。如表 7.22 所示，将数值模拟结果与室内试验获得的剪切带形态图对比发现，数值模拟试验中试样多为两条剪切带，呈 X 形分布且剪切带宽度均匀；而室内试验试样剪切带多为一条，有较为明显的主、副剪切带之分且剪切带宽度分布极不均匀。

表 7.22　　　　　　　　　　　　剪 切 带 形 态 对 比 表

试验条件		室 内 试 验	接触黏结模型	平行黏结模型
温度/℃	应变速率 /min^{-1}			
−2	1.0×10^{-2}			
	1.0×10^{-3}			
	1.0×10^{-4}			
−5	1.0×10^{-2}			

续表

| 试验条件 | | 室 内 试 验 | 接触黏结模型 | 平行黏结模型 |
温度/℃	应变速率 /min⁻¹			
−5	1.0×10^{-3}			
	1.0×10^{-4}			

数值模拟结果与室内试验剪切带形态之间出现差异的原因：室内试验试样的加载过程是由轴向加载杆下压实现的，加载轴由机械控制，在下压过程中难以维持绝对的竖直加载，在加载过程中会发生偏移，产生一定角度的倾斜，导致剪切带优势方向的产生。同时，在加载过程中，传力装置会与冻结砂试样端部产生摩擦，进一步加快了剪切带优势方向的发展；而在数值模拟试验中，试验条件始终处于理想状态，即加载过程能够保证绝对竖直加载且加载板与试样颗粒之间不存在摩擦，不会发生偏移，从而产生优势方向。

为验证上述原因，利用 FISH 语言编程模拟室内试验过程，将原程序中上加载板竖直下压改为以一定的角速度边旋转边下压，旋转至某一角度后停止，继续加载，直至达到应变要求。以模拟室内试验过程中加载轴的偏移。加载板旋转程序如下所示：

```
defupdate_spin_center                         定义上墙体旋转中心
    pos_x = wall. vertex. pos. x（wv）
    pos_y = wall. vertex. pos. y（wv）
    wall. rotation. center. y（wp1）= pos_y
    wall. rotation. center. x（wp1）= pos_x
end
@update_spin_center
set fish callback −1.1 @update_spin_center
wall attributeyvelocity 0.1 range id 2           定义墙体旋转角速度
wall attributeyvelocity −0.1 spin 0.1 range id 1
```

观察室内试验试样形状发现，加载轴在加载过程中偏移方向随机，在−2℃、应变速率 $1.0\times10^{-2}\text{min}^{-1}$ 和−5℃、$1.0\times10^{-2}\text{min}^{-1}$ 加载轴偏移较为明显。因此，以上述两种试验条件为研究对象，选用接触黏结模型，将程序第四部分加载过程中的竖直加载程序替换为偏移程序，并给定上加载板一定的摩擦力，模拟真实试验条件，探究该试验条件下剪切带的形成及发展过程。

图 7.48 为将竖直加载替换为偏移程序后，在−2℃、应变速率 $1.0\times10^{-2}\text{min}^{-1}$ 条件下试样剪切带的形成及发展过程。图 7.48（a）为加载开始时试样的位移场，上加载板绕

试样右上角顶点逆时针加载，因此试样内颗粒位移主要集中在试样左上角，试样中部位移为 0。随着加载的持续进行，试样左上角颗粒位移增大，位移场中部位移较小区域收缩至试样正中心，并有向试样四角延伸的趋势。在图 7.48（c）和图 7.48（d）中，已经能够观察到清晰的剪切带，但剪切带并没有如同之前趋势一样向四角延伸，而是沿左上至右下发育良好。左下至试样中部也能观察到明显的带状区域，但试样中部到试样右上带状区域不明显，出现了沿着试样初始位移集中角向对角延伸的剪切带优势方向。图 7.48（e）中，剪切带已经十分清晰并贯穿试样。

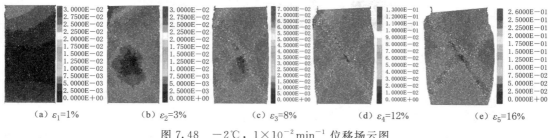

(a) ε_1=1%　　(b) ε_2=3%　　(c) ε_3=8%　　(d) ε_4=12%　　(e) ε_5=16%

图 7.48 　$-2℃$，$1×10^{-2}\,\text{min}^{-1}$ 位移场云图

将室内试验获得的剪切带形态图及理想状态加载得到的剪切带形态图与图 7.48（e）进行对比，如图 7.49 所示，从图中可以看出，上加载板偏移程序计算得到的剪切带形态图与室内试验获得的剪切带形态图基本相同，试样左上角存在一定的应变及位移集中区域，剪切带均沿着加载板下压角向下对角延伸并贯穿。

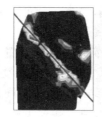

(a) 室内试验　　(b) 理想接触黏结模型　　(c) 上加载板偏移

图 7.49 不同条件下剪切带形态对比图

图 7.50 为将竖直加载替换为偏移程序后 $-5℃$、应变速率 $1.0×10^{-2}\,\text{min}^{-1}$ 条件下试样剪切带的形成及发展过程。图 7.50（a）为加载开始时试样的位移场，与 $-2℃$、应变速率 $1.0×10^{-2}\,\text{min}^{-1}$ 时上加载板偏移方向不同，该试验条件下上加载板绕试样左上角顶点顺时针加载，试样内颗粒位移主要集中在试样右上角。后续剪切带形成及贯穿过程与 $-2℃$、应变速率 $1.0×10^{-2}\,\text{min}^{-1}$ 条件下基本相同。如图 7.50（e）所示，右上角上加载板下压角至左下角剪切带发育清晰良好，为剪切带优势方向。

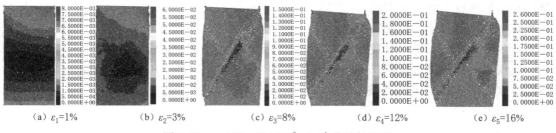

(a) ε_1=1%　　(b) ε_2=3%　　(c) ε_3=8%　　(d) ε_4=12%　　(e) ε_5=16%

图 7.50 　$-5℃$，$1×10^{-2}\,\text{min}^{-1}$ 位移场云图

同样将三种条件下得到的剪切带形态图进行对比，如图 7.51 所示，从图中可以看出，模拟室内试验实际加载条件的上加载板偏移程序计算获得的剪切带形态图与室内试验获得的剪切带形态图基本相同，均沿着加载板下压角向下对角延伸，为剪切带优势方向。

　(a) 室内试验　　　　　(b) 理想接触黏结模型　　　　(c) 上加载板偏移

图 7.51　不同条件下剪切带形态对比图

数值模拟与室内试验剪切带形态之间存在差异的原因是数值模拟试验为绝对理想试验条件，能保证绝对的竖直加载且加载板与颗粒之间无摩擦，而室内试验中加载轴会发生不可控的小幅度偏移。试验条件的缺陷，会产生剪切带发生的优势方向，完美的数值条件下多生成 X 形剪切带。

7.4　本　章　小　结

本章系统介绍了可视化冻土平面应变试验装置的基本功能及冻结砂试样制备过程，开展了不同温度和应变速率条件下的冻结砂平面应变试验，获取了应力-应变曲线及剪应变云图。基于冻结砂土平面应变试验结果分析了不同加载条件下土体的局部应变特征。

对离散元软件 PFC 中内嵌的两种接触模型——接触黏结模型和平行黏结模型的力学机理及差异进行了分析；详细介绍了平面应变试验数值模拟平台的搭建步骤，并对每个步骤的要点以及具体程序文件进行解析；根据前人研究成果及 PFC 内嵌的 HELP 菜单对两种接触模型所需细观参数进行了标定，搭建了完整的 PFC2D 平面应变试验数值模拟程序框架。

结合选用的接触黏结模型和平行黏结模型，以及数值试验标定的细观参数，进行了不同温度和应变速率条件下的冻结砂平面应变试验数值模拟研究，获取了各个试验条件下的应力-应变曲线及试样位移场的发展过程，并与室内试验结果进行了对比分析，明确了接触模型微细观参数与冻结砂宏观力学行为及局部应变特征间的联系。平行黏结模型既可传递力，又可传递力矩，计算得到的应力-应变曲线与室内试验结果更加吻合，表明颗粒间抵抗转动的平行黏结能够有效增强宏观层面的塑性变形能力。选用接触黏结模型计算获得的剪切带倾角值与室内试验结果相同，通过库仑方程建立了细观摩擦系数 f_c 与土体内摩擦角 φ 的量化关系，表明颗粒间的细观摩擦系数决定了土体的最终破坏形态，即剪切带倾角；选用平行黏结模型计算获得的剪切带倾角值与室内试验结果相同，细观参数中的平行黏结内摩擦角 $\bar{\varphi}$ 决定了试样破坏时的剪切带倾角值。

第8章 结论和展望

8.1 主要结论

8.1.1 冻土的率相关力学特性

冻土具有复杂的内部结构，其内部微观结构间除了矿物颗粒之间的接触作用外，还包括孔隙冰与矿物颗粒的黏结作用以及未冻水与冰和土颗粒间黏滞作用。这些孔隙冰、未冻水以及土颗粒间的相互作用在宏观上体现为冻结土体复杂的应力-应变-时间-应变速率关系，即冻土的率相关力学特性。本书在简要论述不同加载条件下冻土的率相关一般规律的基础上，系统介绍现阶段有关冻土力学试验仪器的研制工作以及土体在蠕变和压缩条件下压力水平、含水量（含冰量）、应变速率以及温度等因素对冻土蠕变及强度影响规律。对于相同温度和含水量的特定土样，冻土的率相关力学行为主要受控于强度随时间发展的衰减特性以及随围压增大的非线性发展规律。因而，在描述冻土的率相关力学行为时必须综合考虑这两个因素的影响。

8.1.2 经典率相关本构模型的对比分析

通过一系列不同应力水平下的单轴蠕变试验，验证分析了三种蠕变模型的计算准确性和适用性。结果表明：冻土亚塑性蠕变模型能合理地描述三个蠕变阶段，可用于较大轴压范围内的工程问题。该模型在原始亚塑性模型理论框架的基础上，通过引入结合应变路径相关的函数因子，可以很好地描述恒定应力作用下冻土蠕变的三个发展阶段；冻土元件蠕变模型仅适用于低应力水平下的蠕变应变计算。该模型对蠕变应变速率的预测精度较低，这主要源自元件模型数学结构的限制；从等速线理论和修正剑桥模型发展而来的软土蠕变模型无法合理描述冻土蠕变三个阶段的连续发展过程。对于低应力水平的情况，该模型在预测蠕变应变和应变速率方面具有较好的预测精度。考虑到相关参数具有明确的物理意义，且易于通过常规试验获取，可以尝试将冻土的强度衰减特性引入软土蠕变模型，进而合理描述冻土的率相关力学行为。

8.1.3 一维软土蠕变模型在冻土中的适用性验证分析

对软土蠕变模型进行修正并准确计算冻土率相关力学行为的前提在于首先验证该模型在简单力学条件下描述冻土力学行为的适用性。以青藏粉质黏土为试验研究对象开展了不同蠕变时长和温度条件下的 K_0 逐级加载试验。结合未经历任何前期蠕变的逐级加载试验数据验证了一维等速线蠕变模型在不同应力阶段描述冻土蠕变规律的适用性，结果显示一维等速线蠕变模型能够较好地描述冻土粉质黏土在简单条件下的应力-应变关系。在此基础上结合不同蠕变时长的压缩数据验证分析了该模型在描述冻土蠕变效应对其力学行为影响方面的合理性。该模型中表征蠕变应变和塑性屈服应力的函数关系在冻土中也是适用的。通过试验数据的统计回归分析，将一维等速线蠕变模型修正为适用于冻土的温度相关力学蠕变模型。这些验证工作均表明，软土蠕变模型在一维状态描述冻土的基本力学行为方面是适用的。因而可以在软土蠕变模型中引入冻土的时间相关强度准则，进而合理描述复杂应力状态下冻土的率相关力学行为。

8.1.4 考虑强度衰减准则的冻土率相关本构模型

基于软土蠕变模型，通过引入直线型和抛物线型强度衰减准则，建立了适用于冻土的率相关本构模型。在此基础上结合冻结标准砂以及青藏粉质黏土的试验研究验证了率相关本构模型的适用性，总体上采用直线型强度衰减准则的率相关本构模型应力水平较低的情况，而采用抛物线型强度衰减准则的率相关本构模型适用于较大范围的应力水平。适用考虑直线型强度衰减准则的率相关本构模型分析了强度衰减规律对冻结土体应力-应变发展关系的影响规律；基于考虑抛物线型强度衰减准则的率相关本构模型综合分析了冻土强度包络线特性及基本模型参数对冻土侧压力系数的影响规律。通过这些试验验证和理论分析工作表明，考虑冻土强度衰减的率相关本构模型能够准确描述不同加载条件下冻土的率相关力学行为，将其应用于实际工程计算们可以为冻土工程的稳定性计算和安全评价提供可靠的理论依据。

8.1.5 以温度为自变量的冻土一维蠕变本构模型

以冻结标准砂为研究对象，基于一系列恒定荷载条件下的 K_0 逐级升温压缩试验结果分析了升温条件下土体蠕变应变的发展规律。在此基础上，提出了一维等速线概念模型，这与软土等速线模型的基本假定一致，即不同应变速率条件下的温度-应变曲线为一系列平行线；建立了以温度绝对值的倒数为自变量的冻土一维蠕变模型，结合试验数据验证了该理论的适用性。结果显示该理论适用于试验温度低于土体冻结温度的情况，而在实际温度高于冻结温度时，这一模型是不适用的。结合数据结果的分析进一步提出了简化的模型参数获取方法，并讨论冻土工程领域有关"高温"冻土温度界限的定义。这部分工作是在冻土本构建模方法方面开展的新的尝试，针对实际工程中应力不变而温度持续改变的情况，试图以温度为自变量提出更符合工程实际的冻土蠕变计算模型，为工程实践提供更为有效直接的理论计算方法。

8.1.6 冻土的局部应变力学特性

基于自主研制的可视化冻土平面应变试验装置，开展了不同温度和应变速率条件下的冻结砂平面应变试验，获取了应力-应变曲线及剪应变云图。基于冻结砂土平面应变试验结果分析了不同加载条件下土体的局部应变特征，包括冻结标准砂在加载过程汇总剪切带的形成过程、形式、倾角和宽度。结合离散元软件 PFC 内嵌的接触黏结模型和平行黏结模型，进行了不同温度和应变速率条件下的冻结砂平面应变知识分析研究，通过对比分析室内试验结果，明确了接触模型微细观参数与冻结砂宏观力学行为及局部应变特征间的联系。离散元计算软件中内嵌的平行黏结模型中考虑了颗粒间抵抗转动的能力，因而能够有效描述宏观层面的塑性变形发展规律。采用接触黏结模型计算获得的剪切带倾角值与室内试验结果相同，通过库仑方程建立了细观摩擦系数与土体内摩擦角的量化关系，表明颗粒间的细观摩擦系数决定了土体的最终破坏形态，即剪切带倾角；选用平行黏结模型计算获得的剪切带倾角值与室内试验结果相同，细观参数中的平行黏结内摩擦角决定了试样破坏时的剪切带倾角值。

8.2 展 望

本书针对冻土的率相关力学行为开展系统的试验和理论研究，并建立了考虑冻土强度衰减准则的率相关本构模型以及以温度为自变量的一维蠕变模型。结合自主研发的试验装置和离散元数值分析方法研究了冻结砂土的局部应变发展特征及其与宏观力学行为的联系。这些均是基于室内试验开展的理论工作，对于实际的冻土工程，还需进一步将本书建立的理论模型应用于工程实际，进一步检验其合理性和实用性，具体包括以下两个方面。

（1）本书第 5 章基于大量试验分析建立的考虑强度衰减的本构模型，其工程适用性有待进一步验证。因而需要进一步将这些理论写入大型工程计算软件中，计算分析实际工程条件下冻土基础或冻结壁在复杂应力条件下变形发展规律。

（2）本书第 6 章基于冻土逐级升温试验结果，分析得到的以温度为自变量的蠕变模型目前仅能描述简单应力条件下冻土的蠕变变形发展规律。对于温度周期性变化以及复杂的应力状态，这一工作还有待完善，需要进一步将其拓展至三维应力状态，使之切实应用于实际工程的计算和分析。

参 考 文 献

[1] ALKIRE B D, ANDERSLAND O B. The effect of confining pressure on the mechanical properties of sand – ice materials [J]. Journal of glaciology, 1973, 12 (66): 469 – 481.

[2] ALPAN I. The empirical evaluation of the coefficient K_0 and K_{0R} [J]. Soils and foundations, 1967, 7 (1): 31 – 40.

[3] ANDERSLAND O B, LADANYI B. An introduction to frozen ground engineering [M]. Boston, MA: Springer, 1994.

[4] ANDERSLAND O B, LADANYI B. Frozen ground engineering [M]. Hoboken: John Wiley & Sons, Inc, 2004.

[5] ANDRAWES K Z, EL – SOHBY M A. Factors affecting coefficient of earth pressure K_0 [J]. Journal of the soil mechanics and foundations division, 1973, 99 (7): 527 – 539.

[6] ARENSON L U, JOHANSEN M M, SPRINGMAN S M. Effects of volumetric ice content and strain rate on shear strength under triaxial conditions for frozen soil samples [J]. Permafrost and periglacial processes, 2004, 15 (3): 261 – 271.

[7] ASSUR A. Some promising trends in ice mechanics in physics and mechanics of ice [C] //International Symposium. Copenhagen: Springer – Berlin, 1980.

[8] ASSUR A. Some promising trends in ice mechanics [C] //Physics and Mechanics of Ice, Symposium Copenhagen, August 6 – 10, 1979, Technical University of Denmark. Springer Berlin Heidelberg, 1980: 1 – 15.

[9] BISHOP A W, HENKEL D J. The measurement of soil properties in the Triaxial Test [R]. London: Edward Arnold, 1962.

[10] BISHOP A W. Test requirements for measuring the coefficient of earth pressure at rest [C] //Proceeding of Brussels Conference on Earth Pressure Problems, Brussel, Belguim, 1958, 1: 2 – 14.

[11] BJERRUM L. Engineering geology of Norwegian normallyconsolidated marine clays as related to settlements of buildings [J]. Geotechnique, 1967, 17 (2): 81 – 118.

[12] BJERRUM L. Problems of soil mechanics and construction on soft clays and structurally unstable soils [C] //Proceedings of the 8th ICSMFE , Moscow, 1973, 3: 109 – 159.

[13] BRAGG R A, ANDERSLAND O B. Strain rate, temperature, and sample size effects on compression and tensile properties of frozen sand [J]. Engineering geology, 1981, 18 (1 – 4): 35 – 46.

[14] BRAY M T. Secondary creep approximations of ice – rich soils and ice using transient relaxation tests [J]. Cold regions science and technology, 2013, 88: 17 – 36.

[15] BROOKER E W, IRELAND H O. Earth pressure at rest related to stress history [J]. Canadian geotechnical journal, 1965, 2 (1): 1 – 15.

[16] BUISMAN A S. Results of long duration settlement tests [C] //Soil Mechanics and Foundation England, Cambridge, 1936, 1: 103 – 107.

[17] CHAMBERLAIN E, GROVES C, PERHAM R. The mechanical behaviour of frozen earth materials under high pressure triaxial test conditions [J]. Geotechnique, 1972, 22 (3): 469 – 483.

[18] CONNOR M J, MITCHELL R J. A comparison of triaxial and plane strain tests on frozen silt [C] //The 4th Canadian Permafrost conference, 1982: 382 – 386.

[19] DAFALIAS Y F. Bounding surface plasticity. I: mathem atical foundation and hypoplasticity [J]. Journal of engineering mechanics, 1986, 112 (9): 966 – 987.

[20] DEN HAAN E J. A compression model for non – brittle soft clays and peat [J]. Géotechnique, 1996, 46 (1): 1 – 16.

[21] DESRUES J, HAMMAD W. Experimental study of the localization of deformation in sand, influence of mean stress [C] //Proc 12th International Conference on Soil Mechanics and Foundation Engineering, Rotterdam, A. A. Balkema, 1989: 31 – 32.

[22] DESRUES J, VIGGIANI G. Strain localization in sand, an overview of the experimental results obtained in Grenoble using stereophotogrammetry [J]. International journal for numerical and analytical methods in geomechanics, 2004, 28 (4): 279 – 321.

[23] ECKARDT T H. Creep behaviour of frozen soils in uniaxial compression tests [J]. Engineering geology, 1979, 13 (1 – 4): 185 – 195.

[24] FEDERICO A, ELIA G, MURIANNI A. The at – rest earth pressure coefficient prediction using simple elasto – plastic constitutive models [J]. Computers and geotechnics, 2009, 36 (1 – 2): 187 – 198.

[25] FINNO R J, RHEE Y. Consolidation, pre – and post peak shearing responses from internally instrumented biaxial compression device [J]. Geotechnical testing journal, 1993, 16 (4): 496 – 509.

[26] FISH A M. An acoustic and pressure meter method for investigation of the rheological properties of ice [R]. Arctic and Antarctic Scientific Research Institute, 1978.

[27] FISH A M. Kinetic nature of long term strength of frozen soil [C] //Proceedings of 2nd International Symposium on Ground Freezing. Norway, Trondheim, 1980: 95 – 108.

[28] FISH A M. Strength of frozen soil under a combined stress state [C] //Proceedings of the Sixth International Symposium on Ground Freezing, Beijing, China, 1991, 1: 135 – 145.

[29] GARDNER A R, JONES R H. A new creep equation for frozen soils and ice [J]. Cold regions science and technology, 1984, 9: 271 – 275.

[30] GARLANGER J E. The consolidation of soils exhibiting creep under constant effective stress [J]. Geotechnique, 1972, 22 (1): 71 – 78.

[31] GOUGHNOUR R R, ANDERSLAND O B. Mechanical properties of a sand – ice system [J]. Journal of the soil mechanics and foundations division, 1968, 94 (4): 923 – 950.

[32] GREGORY D R, GERMAINE J T, LADD C C. Triaxial testing of frozen sand, equipment and example results [J]. Journal of cold regions engineering, 2003, 17 (3): 90 – 118.

[33] GRØNBECH G L, IBSEN L B, NIELSEN B N. Earth pressure at rest of Søvind Marl – a highly overconsolidation Eocene clay [J]. Engineering geology, 2016, 200: 66 – 74.

[34] GUO P J. Effect of density and compressibility on K_0 of cohesionless soils [J]. Acta geotechnica, 2010, 5: 225 – 238.

[35] HALL S A, BORNERT M, DESRUSES J, et al. Discrete and continuum analysis of localized deformation in sand using X – ray micro CT and volumetric digital image correlation [J]. Geotechnique, 2010, 60 (3): 315 – 322.

[36] HAN C, DRESCHER A. Shear bands in biaxial test on dry coarse sand [J]. Soils and foundations, 1993, 33 (1): 118 – 132.

[37] HASAN A, ALSHIBLI K. Three dimensional fabric evolution of sheared sand [J]. Granular matter, 2012, 14: 469 – 482.

[38] HASHIGUCHI K. Generalized plastic flow rule [J]. International journal of plasticity, 2005, 21 (2): 321 – 351.

[39] HAYASHI H, YAMAZOE N, MITACHI T, et al. Coefficient of earth pressure at rest for normally and overconsolidated peat ground in Hokkaido area [J]. Soils and foundations, 2012, 52 (2): 299 – 311.

[40] HE P, CHENG G D, ZHU Y L. Constitutive theories on visco – elsto – plasticity and damage of frozen soil [J]. Science in China (D), 1999, 42: 38 – 43.

[41] HERZOG P, HOFER A. Uniaxial creep tests on a morainic material from switzerland [J]. Engineering geology, 1981, 18 (1 – 4): 79 – 87.

[42] IAN F C, TAMSYN H. A theoretical framework for constructing elastic/plastic constitutive models of triaxial tests [J]. International journal for numerical and analytical methods in geomechanics, 2002, 26 (13): 1313 – 1347.

[43] JAKY J. Pressure in silos [C]. Soil Mechanics and Foundation Engineering. Proceeding of 2nd International Conference, England, Cambridge, 1948, 1: 103 – 107.

[44] JESSBERGER H L. A state – of – the – art report. Ground freezing, mechanica properties, processes and design [J]. Engineering geology, 1981, 18 (1 – 4): 5 – 30.

[45] KUTTER B L, SATHIALINGAM N. Elastic – viscoplastic modelling of the rate – dependent behaviour of clays [J]. Géotechnique, 1992, 42 (3): 427 – 441.

[46] LACASSE S, LUNNE T. Penetration tests in two Norwegian clays [C] //Proceedings of the 2nd European Symposium on Penetration Testing, Amsterdam. A. A. Balkema, Rotterdam, 1982: 661 – 669.

[47] LADANYI B. An engineering theory of creep of frozen soils [J]. Canadian geotechnical journal, 1972, 9 (1): 63 – 80.

[48] LADANYI B. Shallow foundations on frozen soil, creep settlement [J]. Journal of geotechnical engineering, 1983, 109 (11): 1434 – 1448.

[49] LAI Y M, JIN L, CHANG X X. Yield criterion and elasto – plastic damage constitutive model for frozen sandy soil [J]. International journal of plasticity, 2009, 25 (6): 1177 – 1205.

[50] LAI Y M, YANG Y G, CHANG X X, et al. Strength criterion and elastoplastic constitutive model of frozen silt in generalized plastic mechanics [J]. International journal of plasticity, 2010, 26 (10): 1461 – 1484.

[51] LEROUEIL S, TAVENAS F, BRUCY F, et al. Behavior of destructured natural clays [J]. Journal of the geotechnical engineering Division, 1979, 105 (6): 759 – 778.

[52] LEROUEIL S. The isotache approach. Where are we 50 years after its development by Professor Suklje? [C] //Proceedings of the XIII Danube – European conference on geotechnical engineering, Ljubljana, Slovenia, 2006, 2: 55 – 88.

[53] LIAO M K, LAI Y, LIU E L, et al. A fractional order creep constitutive model of warm frozen silt [J]. Acta geotechnica, 2017, 12: 377 – 389.

[54] LIU X Y, LIU E. Application of new twin – shear unified strength criterion to frozen soil [J]. Cold regions science and technology, 2019, 167: 102857.

[55] LUO F, LIU E, ZHU Z. A strength criterion for frozen moraine soils [J]. Cold regions science and technology, 2019, 164: 102786.

[56] MA L, QI J L, YU F, et al. Experimental study on variability in mechanical properties of a frozen sand as determined in triaxial compression tests [J]. Acta geotechnica, 2016, 11: 61 – 70.

[57] MAYNE P W, KULHAWY F H. K_0 – OCR relationships in soil [J]. International journal of rock mechanics and mining sciences & geomechanics abstracts, 1982, 20 (1): 851 – 872.

[58] MOKNI M, DESRUES J. Strain localization measurements in undrained plane – strain biaxial tests

on Huston RF sand [J]. Mechanics of cohesive - frictional materials: an international journal on experiments, modelling and computation of materials and structures, 1999, 4 (4): 419 - 441.

[59] MUIR W D. Soil behaviour and critical state soil mechanics [M]. Cambridge: Cambridge University Press, 1990.

[60] NIXON M S, PHARR G M. The effects of temperature stress and salinity on the creep of frozen saline soil [J]. Journal of the energy resources technology, 1984, 106 (9): 344 - 348.

[61] ONITSUKA K, HONG Z, HARA Y, et al. Interpretation of oedometer test data for natural clays [J]. Soils and foundations, 1995, 35 (3): 61 - 70.

[62] ORTH W. Gefrorener sand als werkstoff, elementversuche und materialmodell [M]. Institut für Bodenmechanik und Felsmechanik der Universität Fridericiana in Karlsruhe, 1986.

[63] PARAMESWARAN V R, JONES S J. Triaxial testing of frozen sand [J]. Journal of glaciology. 1981, 27 (95): 147 - 155.

[64] PARAMESWARAN V R. Deformation behaviour and strength of frozen sand [J]. Canadian geotechnical journal, 1980, 17 (1): 74 - 88.

[65] QI J L, HU W, MA W. Experimental study of a pseudo - preconsolidation pressure in frozen soils [J]. Cold regions science and technology, 2010, 60 (3): 230 - 233.

[66] QI J L, MA W. A new criterion for strength of frozen sand under quick triaxial compression considering effect of confining pressure [J]. Acta geotechnica, 2007, 2 (3): 221 - 226.

[67] QI J L, SHENG Y, ZHANG J M, et al. Settlement of embankments in permafrost regions in the Qinghai - Tibetan plateau [J]. Norwegian journal of geography, 2007, 61 (2): 49 - 55.

[68] QI J L, ZHANG J M. Definition of warm permafrost based on mechanical properties of frozen soil [C] //Proc. 9th International Conference on Permafrost, Fairbanks, Alaska, 2008.

[69] QIN Y H, ZHANG J M, ZHENG B, et al. Experimental study for the compressible behavior of warm and ice - rich frozen soil under the embankment of Qinghai - Tibet Railroad [J]. Cold regions science and technology, 2009, 57 (2 - 3): 148 - 153.

[70] RECHENMACHER A L, ABEDI S, CHUPIN O, et al. Characterization of mesoscale instabilities in localized granular shear using digital image correlation [J]. Acta geotechnica, 2011, 6:205 - 217.

[71] ROSCOE K H, BORLAND J B. On the generalized stress - strain behavior of wet clay [M] //HEYMAN J, LECKIE F A Engineering plasticity (Eds.). Cambridge: Cambridge University Press, 1968: 535 - 609.

[72] SAYLES F H. Tri - axial constant strain rate tests and tri - axial creep tests on frozen Ottawa sand [C] //Proceedings of 2nd International Permafrost Conference. Russia, Yakutsk, 1973: 384 - 391.

[73] SAYLES F H E N. Triaxial constant strain rate tests and triaxial creep tests on frozen ottawa sand [J]. Crrel technical note, 1966, 136: 39 - 75.

[74] SCHOFIELD A, WROTH P. Critical state soil mechanics [M]. London: McGraw - hill, 1968.

[75] SHANG X Y, ZHOU G Q. At - rest earth pressure coefficient from hypoelastic model [J]. Advanced materials research, 2011, 243: 2726 - 2731.

[76] SIMPSON B. Retaining structures, displacement and design [J]. Géotechnique, 1992, 42 (4): 541 - 576.

[77] TAGLIAFERRI F, WALLER J, ANDO E, et al. Observing strain localization process in biocemented sand using X - ray imaging [J]. Granular matter, 2011, 13: 247 - 250.

[78] TAKEGAWA K, NAKAZAWA A, RYOKAI K, et al. Creep characteristics of frozen soils [J]. Engineering geology, 1979, 13: 197 - 205.

[79] TERZAGHI K. Old earth pressure theories and new test results [J]. Engineering news record,

1920, 85 (14): 632 - 637.

[80] TIAN Q H, XU Z W, ZHOU G Q, et al. Coefficient of earth pressure at rest in thick and deep soils [J]. Mining science and technology (China), 2009, 19 (2): 252 - 255.

[81] TING J M, TORRENCE M R, LADD C C. Mechanisms of strength for frozen sand [J]. Journal of geotechnical engineering, 1983, 109 (10): 1286 - 1302.

[82] TING J M. Tertiary creep model for frozen sands [J]. Journal of geotechnical and geoenvironmental engineering, 1983, 109 (7): 932 - 945.

[83] TORDESILLAS A, WALKER D M, ANDO E, et al. Revisiting localized deformation in sand with complex systems [C] //Proceeding of the Royal Society, 2013, A 469: 20120606.

[84] TSYTOVICH N A. Mechanics of frozen soils [M]. New York: McGraw - Hill, 1975.

[85] TSYTOVICH N A. Principles of mechanics of frozen ground [C] //Academy of Sciences of Moscow, Union of Soviet Socialist Republics, 1937: 106 - 107.

[86] VAID Y P, CAMPANELLA R G. Time - dependent behavior of undisturbed clay [J]. Journal of the geotechnical engineering division, 1977, 103 (7): 693 - 709.

[87] VARDOULAKIS I G. Stability and bifurcation in geomechanics [C] //Proceedings of Numerical Methods in Geomechanics, Innsbruck, Austria, 1988: 155 - 168.

[88] VERMEER P A, NEHER H P. A soft soil model that accounts for creep [C] //Proceedings of the International Symposium ' Beyond 2000 in Computational Geotechnics ', Amsterdam, 1999: 249 - 261.

[89] VERMEER P A. The orientation of shear bands in biaxial tests [J]. Geotechnique, 1990, 40 (2): 223 - 236.

[90] VYALOV S S. Rheological properties and bearing capacity of frozen soils. Moscow, USSR Academy of Science. Translation, U. S. Army Cold Regions Research and Engineering Laboratory, SIPRE TL 74, 1965.

[91] VYALOV S S, PEKARSKAYA N K, MAKSIMYAK R V. Physical essence of processes of deformation and failure of clayey soils [J]. Soil mechanics and foundation engineering, 1970, 7 (1): 12 - 16.

[92] VYALOV S S, TSYTOVICH N A. Creep and long - term strength of frozen soils [J]. Doklady natsionalnoi akademii nauk Belarusi, 1955, 104: 850 - 853.

[93] VYALOV S S. Methods of determining creep, long - term strength nd compressibility charactenstics of frozen soils [R]. National Research Council Canada Technical Translation TT 1364, 1966 .

[94] VYALOV S S. Rheological fundamentals of soil mechanics [M]. Amsterdam: Elsevier, 1986: 389 - 390.

[95] VYALOV S S. The strength and creep of frozen soils and calculations for ice - soil retaining structures [J]. US Army Cold Research and Engineering Laboratory, 1963.

[96] WANATOWSKI D, CHU J. K_0 of sand measured by a plane - strain apparatus [J]. Canadian geotechnical journal, 2007, 44 (8): 1006 - 1012.

[97] WANG S, QI J L, YIN Z Y, et al. A simple rheological element based creep model for frozen soils [J]. Cold regions science and technology, 2014, 106 - 107: 47 - 54.

[98] WHITE D J, TAKE W A, BOLTON M D. Soil deformation measurement using particle image velocimetry (PIV) and phtotgrammetry [J]. Geotehcnique, 2003, 53 (7): 619 - 631.

[99] WIJEWEERA H, JOSHI R C. Creep behavior of saline fine - grained frozen soil [J]. Journal of cold regions engineering, 1993, 7 (3): 77 - 89.

[100] WILLIAMS P J, BURT T P. Measurement of hydraulic conductivity of frozen soils [J]. Canadian geotechnical journal, 1974, 11 (4): 647 - 650.

[101] WOOD D M. Soil behaviour and critical state soil mechanics [M]. Cambridge: Cambridge University Press, 1990.

[102] WU W, KOLYMBAS D. Numerical testing of the stability criterion for hypoplastic constitutive equations [J]. Mechanics of materials, 1990, 9 (4): 245-253.

[103] XU G F. Hypoplastic constitutive models for frozen soil [R]. University of Natural Resources and Life Sciences, Vienna, 2014.

[104] XU X T, WANG Y B, YIN Z H, et al. Effect of temperature and strain rate on mechanical characteristics and constitutive model of frozen Helin loess [J]. Cold regions science and technology, 2017, 136: 44-51.

[105] XU Z W, ZENG K H, WEI Z, et al. "Nonlinear" characteristics of the static earth pressure coefficient in thick alluvium [J]. Mining science and technology (China), 2009, 19 (1): 129-132.

[106] YAMAMOTOY Y, SPRINGMAN S M. Axial compression stress path tests on artificial frozen soil samples in a triaxial device at temperatures just below 0 ℃ [J]. Canadian geotechnical journal, 2014, 51 (10): 1178-1195.

[107] YAMAMURO J A, BOPP P A, LADE P V. One-dimensional compression of sands at high pressure [J]. Journal of geotechnical engineering, 1996, 122 (2): 147-154.

[108] YANG Y G, GAO F, LAI Y M. Modified Hoek-Brown criterion for nonlinear strength of frozen soil [J]. Cold regions science and technology, 2013, 86: 98-103.

[109] YANG Y G, LAI Y M, DONG Y H, et al. The strength criterion and elastoplastic constitutive model of frozen soil under high confining pressures [J]. Cold regions science and technology, 2010, 60 (2): 154-160.

[110] YANG Y G, LAI Y M, LI J B. Laboratory investigation on the strength characteristic of frozen sand considering effect of confining pressure [J]. Cold regions science and technology, 2010, 60 (3): 245-250.

[111] YAO X L, QI J L, YU F, et al. A versatile triaxial apparatus for frozen soils [J]. Cold regions science and technology, 2013, 92: 48-54.

[112] YAO X L, QI J L, YU F. Study on lateral earth pressure coefficient at rest for frozen soils [J]. Journal of offshore mechanics and arctic engineering, 2014, 136 (1): 011301.

[113] ZHANG H, ZHANG J M, ZHANG Z L, et at. Investigation of the pore water pressure of saturated warm frozen soils under a constant load [J]. Journal of offshore mechanics and arctic engineering, 2016, 138 (6): 062001.

[114] ZHAO X D, ZHOU G Q, SHANG X Y, et al. Earth pressure coefficient at rest during secondary compression [J]. Journal of Central South University of Technology, 2011, 18 (6): 2115-2121.

[115] ZHAO X D, ZHOU G Q, TIAN Q H, et al. Coefficient of earth pressure at rest for normal consolidation soils [J]. Mining science and technology (China), 2010, 20 (3): 406-410.

[116] ZHU Y L, CARBEE D L. Creep and strength behavior of frozen silt in uniaxial compression [R]. US Army Corps of Engineers Cold Regions Research & Engineering Laboratory, 1987.

[117] ZHU Y L, CARBEE D L. Creep behavior of frozen silt under constant uniaxial stress [C] //Proceedings of the Fourth International Conference on Permafrost, Fairbanks, Alaska, 1983: 17-22.

[118] ZHU Y L, CARBEE D L. Uniaxial compressive strength of frozen silt under constant deformation rates [J]. Cold regions science and technology, 1984, 9 (1): 3-15.

[119] 蔡中民, 朱元林, 张长庆. 冻土的黏弹塑性本构模型及材料参数的确定 [J]. 冰川冻土, 1990, 12 (1): 31-40.

[120] 曹雪叶. 人工冻土粘弹塑性蠕变本构理论及冻结壁力学特性研究 [D]. 西安: 长安大学, 2017.

[121] 陈敦. 全应力空间下冻结粘土强度特征及其强度准则研究 [D]. 北京：中国科学院大学，2018.

[122] 陈湘生，汪崇鲜，吴成义. 典型人工冻结粘土三轴剪切强度准则的试验研究 [J]. 建井技术，1998，19（4）：1-4.

[123] 陈湘生. 人工冻土瞬时三轴剪切强度特征的试验研究 [J]. 建井技术，1992，11（6）：38-40，48.

[124] 崔广心，李毅. 有压条件下湿砂结冰温度的研究 [J]. 冰川冻土，1994（4）：320-326.

[125] 崔广心，杨维好，李毅. 受载荷的湿土结冰温度变化规律的研究 [J]. 冰川冻土，1997（4）：33-39.

[126] 董连成，张公，赵淑萍，等. 冻土蠕变指标试验研究 [J]. 冰川冻土，2014，36（1）：130-136.

[127] 杜海民，马巍，张淑娟. 应变率与含水率对冻土单轴压缩特性影响研究 [J]. 岩土力学，2016，37（5）：1373-1379.

[128] 洪卫. 考虑冻结粘性土结构损伤特性的本构模型 [D]. 淮南：安徽理工大学，2017.

[129] 胡向东，舒畅. 考虑 FGM 特性的双排管竖井冻结壁应力场分析 [J]. 工程力学，2014，31（1）：145-153.

[130] 霍明，汪双杰，章金钊，等. 含水率和温度对高含冰量冻土力学性质的影响 [J]. 水利学报，2010，41（10）：1165-1172.

[131] 赖远明，程红彬，高志华，等. 冻结砂土的应力-应变关系及非线性摩尔强度准则 [J]. 岩石力学与工程学报，2007，26（8）：1612-1617.

[132] 赖远明，张耀，张淑娟，等. 超饱和含水率和温度对冻结砂土强度的影响 [J]. 岩土力学，2009，30（12）：3665-3670.

[133] 李栋伟，汪仁和，胡璞. 冻粘土蠕变损伤耦合本构关系研究 [J]. 冰川冻土，2007，29（3）：446-449.

[134] 李海鹏，林传年，张俊兵. 饱和冻结黏土在常应变率下的单轴抗压强度 [J]. 岩土工程学报，2004，26（1）：105-109.

[135] 李洪升，杨海天，常成，等. 冻土抗压强度对应变速率敏感性分析 [J]. 冰川冻土，1995，17（1）：40-48.

[136] 李清泽，赖远明，徐湘田，等. 高温冻土三轴强度分布及损伤统计本构模型 [J]. 冰川冻土，2010，32（6）：1235-1241.

[137] 李双洋，赖远明，张明义，等. 高温冻土弹性模量及强度分布规律研究 [J]. 岩石力学与工程学报，2007，26（2）：4300-4305.

[138] 李毅，崔广心，吕恒林. 有压条件下湿粘土结冰温度的研究 [J]. 冰川冻土，1996（1）：45-48.

[139] 刘波，宋常军，李涛，等. 卸载状态下深埋黏土层冻结壁与周围土体共同作用理论研究 [J]. 煤炭学报，2012，37（11），1834-1840.

[140] 刘增利，张小鹏，李洪升. 基于动态 CT 识别的冻土单轴压缩损伤本构模型 [J]. 岩土力学，2005，26（4）：542-546.

[141] 路贵林. 多年冻土区高温冻土力学特性试验研究 [D]. 徐州：中国矿业大学，2015.

[142] 罗曼. 冻土力学 [M]. 张长庆，译. 北京：科学出版社，2005.

[143] 罗汀，罗小映. 适用于冻土的广义非线性强度准则 [J]. 冰川冻土，2011，33（4）：772-777.

[144] 马芹永. 人工冻土单轴抗拉、抗压强度的试验研究 [J]. 岩土力学，1996，17（3）：76-81.

[145] 马巍，吴紫汪，常小晓，等. 高围压下冻结砂土的强度特性 [J]. 冰川冻土，1996，18（3）：268-272.

[146] 马巍，吴紫汪，蒲毅彬，等. 冻土三轴蠕变过程中结构变化的 CT 动态监测 [J]. 冰川冻土，1997（1）：54-59.

[147] 马巍，吴紫汪，盛煜. 冻土的蠕变及蠕变强度 [J]. 冰川冻土，1994（2）：113-118.

[148] 马巍, 吴紫汪, 盛煜. 围压对冻土强度特性的影响 [J]. 岩土工程学报, 1995, 17 (5): 7 - 11.

[149] 马巍, 吴紫汪, 张长庆. 冻土的强度与屈服准则 [J]. 冰川冻土, 1993 (1): 129 - 133.

[150] 苗天德, 魏雪霞, 张长庆. 冻土蠕变过程的微结构损伤理论 [J]. 中国科学 B 辑, 1995, 25 (3): 309 - 317.

[151] 穆彦虎, 马巍, 牛富俊, 等. 青藏铁路多年冻土区普通路基热状况监测分析 [J]. 冰川冻土. 2014, 36 (4): 953 - 961.

[152] 宁建国, 朱志武. 含损伤的冻土本构模型及耦合问题数值分析 [J]. 力学学报, 2007, 39 (1): 70 - 76.

[153] 牛亚强, 赖远明, 王旭, 等. 冻结粉质黏土三轴抗压强度和变形特性试验研究 [J]. 冰川冻土, 2016, 38 (2): 424 - 430.

[154] 彭万巍. 冻结黄土抗拉强度与应变率和温度的关系 [J]. 岩土工程学报, 1998, 20 (3): 31 - 33.

[155] 齐吉琳, 张建明, 姚晓亮, 等. 多年冻土地区构筑物沉降变形分析 [J]. 岩土力学, 2009, 30 (2): 1 - 8.

[156] 荣传新, 王秀喜, 程桦. 冻土的有限变形本构关系的实验研究 [J]. 实验力学, 2005, 20 (1): 133 - 138.

[157] 申明德, 周志伟, 马巍. 冻土长期强度的衰减特征及屈服准则 [J]. 冰川冻土, 2022, 44 (2): 437 - 447.

[158] 沈忠言, 吴紫汪. 冻土三轴强度破坏准则的基本形式及其与未冻水含量的相关性 [J]. 冰川冻土, 1999, 21 (1): 22 - 26.

[159] 盛煜, 吴紫汪, 苗丽娜, 等. 冻结砂土在两级应力作用下的蠕变破坏性质 [J]. 冰川冻土, 1995 (4): 334 - 338.

[160] 孙琦, 张向东, 杨佳, 等. 冻结条件下风积土蠕变损伤特性及本构模型研究 [J]. 公路交通科技, 2015, 32 (5): 61 - 67.

[161] 孙星亮, 汪稔, 胡明鉴. 冻土三轴剪切过程中细观损伤演化 CT 动态试验 [J]. 岩土力学, 2005 (8): 1298 - 1302.

[162] 王正贵, 马巍, 盛煜, 等. 冻土蠕变的渐进屈服准则 [J]. 冰川冻土, 1996, 18 (2): 155 - 161.

[163] 吴昊. 大孔隙率软土冻土物理力学特性研究 [D]. 徐州: 中国矿业大学, 2018.

[164] 吴旭平, 丁春林. 冻结重塑黏土损伤特性及影响因素分析 [J]. 岩土工程学报, 2013, 35 (11): 2038 - 2044.

[165] 吴紫汪, 张家懿, 朱元林. 冻土流变性的试验研究 [C] //中国地理学会冰川冻土学术会议论文集 (冻土学). 北京: 科学出版社, 1982.

[166] 吴紫汪, 马巍. 冻土的强度与蠕变 [M]. 兰州: 兰州大学出版社, 1994.

[167] 徐国方. 冻土的力学性质及其亚塑性本构模型研究 [D]. 北京: 中国科学院大学, 2012.

[168] 徐湘田. 冻土力学性质的试验研究与本构模拟 [D]. 北京: 中国科学院大学, 2012.

[169] 尹珍珍, 陈有亮, 王鹏. 上海人工冻结黏土单轴无侧限抗压强度试验研究 [J]. 岩土力学, 2012, 33 (3): 788 - 792.

[170] 张德, 刘恩龙, 刘星炎, 等. 冻结粉土强度准则探讨 [J]. 岩土力学, 2018, 39 (9): 3237 - 3245.

[171] 张建明, 刘端, 齐吉琳. 青藏铁路冻土路基沉降变形预测 [J]. 中国铁道科学, 2007, 28 (3): 12 - 17.

[172] 张向东, 任昆. 冻融循环下煤渣改良土的强度及屈服特性 [J]. 煤炭学报, 2018, 43 (12): 3371 - 3378.

[173] 赵淑萍, 何平, 朱元林, 等. 冻结粉土的动静蠕变特征比较 [J]. 岩土工程学报, 2006 (12): 2160 - 2163.

[174] 周幼吾, 郭东信, 邱国庆, 等. 中国冻土 [M]. 北京: 科学出版社, 2000.

［175］　朱纪裴．冻结砂土单轴试验的离散元模拟［D］．淮南：安徽理工大学，2018.

［176］　朱元林，CARBEE D L．冻结粉砂在常应力下的蠕变特性［J］．冰川冻土，1984（1）：33－48.

［177］　朱元林，何平，张家懿，等．围压对冻结粉土在振动荷载作用下蠕变性能的影响［J］．冰川冻土，1995（S1）：20－25.

［178］　朱元林，张家懿，彭万巍，等．冻土的单轴压缩本构关系［J］．冰川冻土，1992，14（3）：210－217.

［179］　朱元林．我国冻土强度与蠕变的研究［J］．冰川冻土，1988，10（3）：332－337.

［180］　朱志武，宁建国，马巍．冻土屈服面与屈服准则的研究［J］．固体力学学报，2006，27（3）：307－310.